帅 斌　林钰源　总主编
　　　　　朱建忠　主　编
谢思琪　孙鑫宇　副主编

MAKE-UP STYLING DESIGN

化妆造型设计

岭南美术出版社
中国·广州

图书在版编目（CIP）数据

化妆造型设计/帅斌，林钰源总主编；朱建忠主编；谢思琪，孙鑫宇副主编.—广州：岭南美术出版社，2024.6

大匠：高等院校美术·设计专业系列教材

ISBN 978-7-5362-7724-3

Ⅰ.①化… Ⅱ.①帅…②林…③朱…④谢…⑤孙… Ⅲ.①化妆—造型设计—高等学校—教材 Ⅳ.①TS974.12

中国国家版本馆CIP数据核字(2024)第110472号

出 版 人：刘子如
策　　划：刘向上　李国正
责任编辑：王效云　郭海燕
责任技编：谢　芸
责任校对：司徒红
特约编辑：邱艳艳
装帧设计：黄明珊　罗　靖　黄金梅
　　　　　邹　晴　朱林森　黄乙航
　　　　　盖煜坤　徐效羽　郭恩琪
　　　　　石梓洳
　　　　　友间文化

化妆造型设计
HUAZHUANG ZAOXING SHEJI

出版、总发行：岭南美术出版社（网址：www.lnysw.net）
（广州市天河区海安路19号14楼 邮编：510627）

经　　销：全国新华书店
印　　刷：东莞市翔盈印务有限公司
版　　次：2024年6月第1版
印　　次：2024年6月第1次印刷
开　　本：889 mm×1194 mm　1/16
印　　张：13.25
字　　数：325千字
印　　数：1—2000册
ISBN 978-7-5362-7724-3
定　　价：78.00元

《大匠——高等院校美术·设计专业系列教材》

编 委 会

- **总主编**：帅 斌　林钰源
- **编　委**：何　锐　佟景贵　金　海　张　良　李树仁
　　　　　　董大维　杨世儒　向　东　袁塔拉　曹宇培
　　　　　　杨晓旗　程新浩　何新闻　曾智林　刘颖悟
　　　　　　尚　华　李绪洪　卢小根　钟香炜　杨中华
　　　　　　张湘晖　谢　礼　韩朝晖　邓中云　熊应军
　　　　　　贺锋林　陈华钢　张南岭　卢　伟　张志祥
　　　　　　谢恒星　陈卫平　尹康庄　杨乾明　范宝龙
　　　　　　孙恩乐　金　穗　梁　善　华　年　钟国荣
　　　　　　黄明珊　刘子如　刘向上　李国正　王效云

本书编委：邱艳艳

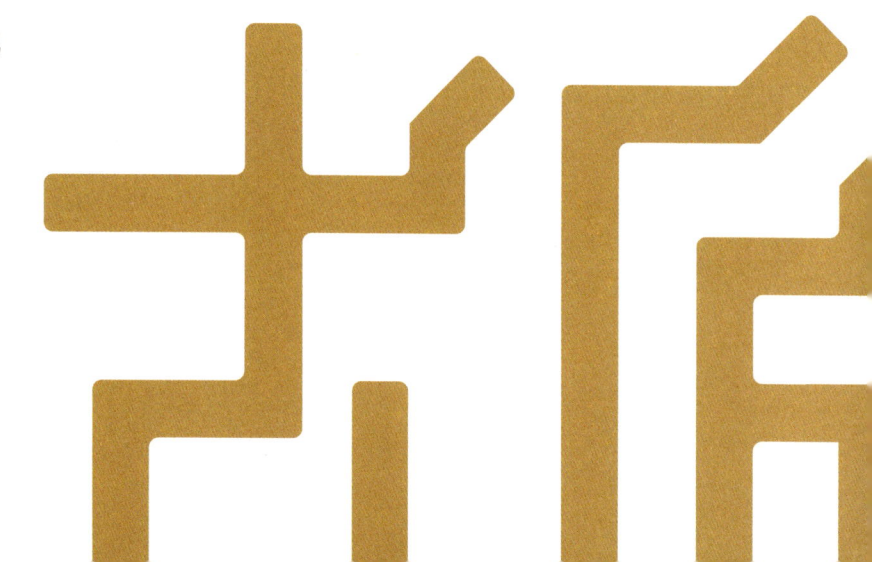

序一 「大匠」本位，设计初心

对于每一位从事设计艺术教育的人士而言，"大国工匠"这个词都不会陌生，这是设计工作者毕生的追求与向往，也是我们编写这套教材的初心与夙愿。

所谓"大匠"，必有"匠心"。但是在我们的追求中，"匠心"有两层内涵。其一是从设计艺术的专业角度看，要具备造物的精心、恒心，以及致力于在物质文化探索中推陈出新的决心。其二是从设计艺术教育的本位看，要秉承耐心、仁心，以及面对孜孜不倦的学子时那永不言弃的师心。唯有"匠心"所至，方能开出硕果。

作为一门交叉学科，设计艺术既有着自然科学的严谨规范，又有着人文社会科学的风雅内涵。然而，与其他学科相比，设计艺术最显著的特征是高度的实用性，这也赋予了设计艺术教育高度职业化的特点，小到平面海报、宣传册页，大到室内陈设与建筑构造，无不体现着设计师匠心独运的哲思与努力。而要将这些"造物"的知识和技能完整地传授给学生，就必须首先设计出一套可供反复验证并具有高度指导性的体系和标准，而系列化的教材显然是这套标准最凝练的载体。

对于设计艺术而言，系列教材的存在意义在于以一种标准化的方式将各个领域的设计知识进行系统性的归纳、整理与总结，并通过多门课程的有序组合，使其真正成为解决理论认知、指导技能实践、提高综合素养的有效手段。因此，表面上看，它以理论文本为载体，实际上却是以设计的实践和产出为目的，古人常言"见微知著"，设计知识和技能的传授同样如此。为了完成一套高水平的应用性教材的编撰工作，我们必须从每一门课程开始逐一梳理，具体问题具体分析，如此才能以点带面、汇聚成体。然而，与一般的通识性教材不同，设计类教材的编撰必须紧扣具体的设计目标，回归设计的本源，并就每一个知识点的应用性和逻辑性进行阐述。即使在讲述综合性的设计原理时，也应该以具体实践项目为案例，而这一点，也是我们在深圳职业技术学院（现更名为"深圳职业技术大学"）三十多年的设计教育实践中所奉行的一贯原则。

例如在阐述设计的透视问题时，不能只将视野停留在对透视原理的文字性解释上，而是要旁征博引，对透视产生的历史、来源和趋势进行较为全面的阐述，而后再辅以建筑、产品、平面设计领域中的具体问题来详加说明，这样学生就不会只在教材中学到单一枯燥的理论知识，而是能通过恰当的案例和具有拓展性的解释进一步认识到知识的应用场景。如果此时导入适宜的习题，将会令他们得到进一步的技能训练，并有可能启发他们举一反三，联想到自己在未来职业生涯中可能面对的种种专业问题。我们坚持这样的编写方式，是因为我们在学校的实际教学中正是以"项目化"为引领去开展每一个环节及任务点的具体设计的。无论是课程思政建设还是金课建设，均是如此。而这种教学方式的形成完全是基于对设计教育职业化及其科学发展规律的高度尊重。

提到发展规律问题，就不能绕过设计艺术学科的细分问题，随着今天设计艺术教育的日趋成熟，设计正表现出越来越细的专业分类，未来必定还会呈现出进一步的细分。因此，我希望我们这套教材的编写也能够遵循这种客观规律，紧跟行业动态发展趋势，并根据市场的人才需求开发出越来越多对应的新型课程，编写更多有效、完备、新颖的配套教材，以帮助学生在日趋激烈的就业环境中展现自身的价值，帮助他们无缝对接各种类型的优质企业。

职业教育有着非常具体的人才培养定位，所有的课程、专业设置都应该与市场需求相衔接。这些年来，我们一直在围绕这个核心而努力。由于深圳职业技术大学位于深圳，而深圳作为设计之都，有着较为完备的设计产业及较为广泛的人才需求，因此我们大学始终坚持着将设计教育办到城市产业增长点上的宗旨，努力实现人才培养与城市发展的高度匹配。当然，做到这种程度非常不容易，无论是课程的开发，还是某门课程的教材编写，都不是一蹴而就的。但是我相信通过任课教师们的深耕细作，随着这套教材的不断更新、拓展及应用，我们一定会有所收获。为师者若要以"大匠"为目标，必然要经过长年累月的教学积累与潜心投入。

历史已经充分证明了设计教育对国家综合实力的促进作用，设计对今天的世界而言是一种不可替代的生产力。作为世界第一的制造业大国，我国的设计产业正在以前所未有的速度向前迈进，国家自主设计、研发的手机、汽车、高铁等早已声名在外，它们反映了我国在科技创新方面日益增强的国际竞争力。这些标志性设计不但为我国的经济建设做出了重要贡献，还不断地输出着中国文化、中国内涵，令全世界可以通过实实在在的物质载体认识中国、了解中国。但是，我们也应该看到，为了保持这种积极的创造活力，实现具有可持续性的设计产业发展，最终实现从"中国制造"向"中国智造"的转型升级，使"中国设计"屹立于世界设计之林，就必须依托于高水平设计人才源源不断的培养和输送。这样光荣且具有挑战性的使命，作为一线教师，我们义不容辞。

"大匠"是我们这套教材的立身本位，为人民服务是我们永不忘怀的设计初心。我们正是带着这种信念，投入每一册教材的精心编写之中。欢迎来自各个领域的设计专家、教育工作者批评指正，并由衷希望与大家共同成长，为中国设计教育的未来做出更多贡献！

帅 斌

深圳职业技术大学教授、艺术设计学院院长

2024年5月12日

序二 致敬工匠

能否"造物",无疑是人与其他动物之间最大的区别。人能"造物"而别的动物不能"造物"。目前我们看到的人类留下的所有文化遗产几乎都是人类的"造物"结果。"造物"从远古到现代都离不开"工匠"。"工匠"正是这些"造物"的主人。"造物"拉开了人与其他动物的距离。人在"造物"之时,需要思考"造物"所要满足的需求和满足需求的具体可行性方案,这就是人类的设计活动。在"造物"的过程中,为了能够更好地体现工匠的"匠意",往往要求工匠心中要有解决问题的巧思——"意匠"。这个过程需要精准找到解决问题的点子和具体可行的加工工艺方法,以及娴熟驾驭具体加工工艺的高超技艺,才能达成解决问题、满足需求的目标。这个过程需要选择合适的材料,需要根据材料进行构思,需要根据构思进行必要的加工。古代工匠早就懂得因需选材,因材造意,因意施艺。优秀工匠在解决问题的时候往往匠心独运,表现出高超技艺,从而获得人们的敬仰。

在这里,我们要向造物者——"工匠"致敬!

一、编写"大匠"系列教材的初衷

2017年11月,我来到广州商学院艺术设计学院。我发现当前很多应用型高等院校设计专业所用教材要么沿用原来高职高专的教材,要么直接把学术型本科教材拿来凑合着用。这与应用型高等院校对教材的要求不相适应。因此,我萌发了编写一套应用型高等院校设计专业教材的想法。很快,这个想法得到各个兄弟院校的积极响应,也得到岭南美术出版社的大力支持,从而拉开了编写《大匠——高等院校美术·设计专业系列教材》(以下简称:"大匠"系列教材)的序幕。

对中国而言,发展职业教育是一项国策。随着改革开放进一步深化和中国制造业的迅猛发展,中国制造的产品已经遍布世界各国。同时,中国的高等教育发展迅猛,但中国的职业教育却相对滞后。近年来,中国才开始重视职业教育。2014年,李克强总理提出:"发展现代职业教育,是转方式、调结构的战略举措。由于中国职业教育发展不够充分,使中国制造、中国装备质量还存在许多缺陷,与发达国家的高中端产品相比,仍有不小差距。'中国制造'的差距主要是职业人才的差距。要解决这个问题,就必须发展中国的职业教育。"

艺术设计专业本来就是应用型专业。应用型艺术设计专业无疑属于职业教育，是中国高等职业教育的重要组成部分。

艺术设计一旦与制造业紧密结合，就可以提升一个国家的软实力。"中国制造"要向"中国智造"转变，需要中国设计。让"美"融入产品成为产品的附加值需要艺术设计。在未来的中国品牌之路上，需要大量优秀的中国艺术设计师的参与。为了满足人民群众对美好生活的向往，需要设计师的加盟。

设计可以提升我们国家的软实力，可以实现"美是一种生产力"，有助于满足人民群众对美好生活的向往。在中国的乡村振兴中，我们看到设计发挥了应有的作用。在中国的旧改工程中，我们同样看到设计发挥了化腐朽为神奇的效用。

没有好的中国设计，就不可能有好的中国品牌。好的国货、国潮都需要好的中国设计。中国设计和中国品牌都来自中国设计师之手。培养优秀设计人才无疑是我们的当务之急。中国现代高等教育艺术设计人才的培养，需要全社会的共同努力。这也正是我们编写这套"大匠"系列教材的初衷。

二、冠以"大匠"，致敬"工匠精神"

这是一套应用型的美术·设计专业系列教材，之所以给这套教材冠以"大匠"之名，是因为我们高等院校艺术设计专业就是培养应用型艺术设计人才的。用传统语言表达，就是培养"工匠"。但我们不能满足于培养一般的"工匠"，我们希望培养"能工巧匠"，更希望培养出"大匠"，甚至企盼培养出能影响一个时代和引领设计潮流的"百年巨匠"，这才是中国艺术设计教育的使命和担当。

"匠"字，许慎《说文解字》称："从匚，从斤。斤，所以做器也。""匚"指筐，把斧头放在筐里，就是木匠。后陶工也称"匠"，直至百工皆以"匠"称。"匠"的身份，原指工人、工奴，甚至奴隶，后指有专门技术的人，再到后来指在某一方面造诣高深的专家。由于工匠一般都从实践中走来，身怀一技之长，能根据实际情况，巧妙地解决问题，而且一丝不苟，从而受到后人的推崇和敬仰。鲁班，就是中国古代工匠的代表。不难看出，传统意义上的"匠"，是指具有解决问题的巧妙构思和精湛技艺的专门人才。

"工匠"，不仅仅是一个工种，或是一种身份，更是一种精神，也就是人们常说的"工匠精神"。"工匠精神"在我看来，就是面对具体问题能根据丰富的生活经验积累进行具体分析的实事求是的科学态度，是解决具体问题的巧妙构思所体现出来的智慧，是掌握一手高超技艺和对技艺的精益求精的自我要求。因此，不怕面对任何难题，不怕想破脑壳，不怕磨破手皮，一心追求做到极致，而且无怨无悔——工匠身上这种"工匠精神"，是工匠获得人们敬佩的原因之所在。

《韩非子》载："刻削之道，鼻莫如大，目莫如小，鼻大可小，小不可大也。目小可大，大不可小也。"借木雕匠人的木雕实践，喻做事要留有余地，透露出"工匠精神"中也隐含着智慧。

民谚"三个臭皮匠，赛过一个诸葛亮"，也在提醒着人们在解决问题的过程中集体智慧的重要性。不难看出，"工匠精神"也包含了解决问题的智慧。

无论是"郢鼻运斤"还是"游刃有余"，都是古人对能工巧匠随心所欲的精湛技术的惊叹和褒扬。

一个民族，不可以没有优秀的艺术设计者。

人在适应自然的过程中，为了使生活变得更加舒适、惬意，是需要设计的。今天，在我们的生活中，设计已无处不在。

未来中国设计的水平如何，关键取决于今天中国的设计教育，它决定了中国未来的设计人员队伍的整体素质和水平。这也是我们编写这套"大匠"系列教材的动力。

三、"大匠"系列教材的基本情况和特色

"大匠"系列教材，明确定位为"培养新时代应用型高等艺术设计专业人才"的教材。

教材编写既着眼于时代社会发展对设计的要求，紧跟当前人才市场对设计人才的需求，也根据生源情况量身定制。教材对课程的覆盖面广，拉开了与传统学术型本科教材的距离。在突出时代性的同时，注重应用性和实战性，力求做到深入浅出，简单易学，让学生可以边看边学，边学边用。尽量朝着看完就学会，学会就能用的方向努力。"大匠"系列教材，填补了目前应用型高等艺术设计专业教材的阙如。

教材根据目前各应用型高等院校设计专业人才培养计划的课程设置来编写，基本覆盖了艺术设计专业的所有课程，包括基础课、专业必修课、专业选修课、理论课、实践课、专业主干课、专题课等。

每本教材都力求篇幅短小精悍，直接以案例教学来阐述设计规律。这样既可以讲清楚设计的规律，做到深入浅出，易学易懂，也方便学生举一反三。大大压缩了教材篇幅的同时，也突出了教材的实践性。

另外，教材具有鲜明的时代性。重视课程思政，把为国育才、为党育人、立德树人放在首位，明确提出培养为人民的美好生活而设计的新时代设计人才的目标。

设计当随时代。新时代、新设计呼唤推出新教材，"大匠"系列教材正是追求适应新时代要求而编写。教材重视学生现代设计素质的提升，重视处理素质培养和设计专业技能的关系，重视培养学生协同工作和人际沟通能力；致力培养学生具备东方审美眼光和国际化设计视野，培养学生对未来新生活形态有一定的预见能力；同时，使学生能快速掌握和运用更新换代的数字化工具。

因此，教材力求处理好学术性与实用性的关系，处理好传承优秀设计传统和时代发展需要的创新关系；既关注时代设计前沿活动，又涉猎传统设计经典案例。

在主编选择方面，我们发挥各参编院校优势和特色，发挥各自所长，力求每位主编都是所负责方面的专家。同时，该套教材首次引入企业人员参与编写。

四、鸣谢

感谢岭南美术出版社领导对这套教材的大力支持！感谢各个参加编写教材的兄弟院校！感谢各位编委和主编！感谢对教材进行逐字逐句细心审阅的编辑们！感谢黄明珊老师设计团队为教材的形象，包括封面和版式进行了精心设计！正是你们的参与和支持，才使得这套教材能以现在的面貌出现在大家面前。谢谢！

林钰源

华南师范大学美术学院首任院长、教授、博士生导师

2022年2月20日

内容介绍

　　化妆造型设计是一种独特而迷人的艺术形式，它将艺术与技巧相结合，为人们带来无限的想象力和创造力。通过巧妙地运用化妆品和造型工具，化妆造型设计师能够改变人们的外貌形象，展现出独特的魅力和个性。

　　造型设计涵盖的领域范围很广，包括化妆、发型设计、服装搭配和饰品选择等。每一步都能体现化妆造型师的独特视角和审美观念。他们会根据每个客户的特征和需求，结合时尚趋势和特定场合，为其塑造出独具匠心的形象。

　　在化妆造型设计的过程中，选择合适的造型技巧和产品至关重要。化妆造型师需要熟悉各种化妆品的成分和使用方法，了解不同肤质的特点，为客户提供个性化的建议和指导。同时，他们还要不断学习和尝试新的技巧和产品，以保持自己的专业水平和创新思维。

　　化妆造型设计不仅在个人形象推广方面发挥作用，还广泛地在舞台表演、电影制作、时尚秀等场合中发挥作用。在这些领域中，根据不同的主题和要求，化妆造型师会为客户或演员打造出适合的形象，以增强表演或秀场的视觉效果。

　　总之，化妆造型设计是一门富有创造力的艺术形式，需要设计师的技巧和灵感。通过合理的化妆造型设计，不仅使客户或演员能够看起来更加美丽动人，还能增强其自信和魅力。本书将为我们带来量身定制的魅力造型艺术之旅。

目 录

第一章
基础化妆 / 001

第一节　职业特征及化妆历史　/ 003

第二节　化妆材料与工具的使用及头面部结构　/ 007

第三节　化妆基础知识　/ 013

第四节　化妆步骤与局部修饰技巧　/ 020

第二章
化妆造型服务 / 043

第一节　职业化妆造型　/ 045

第二节　生活化妆造型　/ 048

第三节　时尚化妆造型　/ 052

第四节　宴会及演出化妆造型　/ 055

第三章
造型设计 / 059

第一节　发型造型　/ 061

第二节　服饰色彩搭配　/ 068

第四章
新娘化妆造型设计　/079

第一节　西式新娘化妆造型　/081

第二节　中式新娘化妆造型　/084

第三节　晚宴新娘造型　/087

第五章
宴会化妆造型设计　/091

第一节　主题party（宴会）化妆造型　/093

第二节　公司年会化妆造型　/095

第三节　创意晚宴妆比赛造型　/098

第六章
舞台化妆造型设计　/105

第一节　T台秀场化妆造型　/107

第二节　节目主持人化妆造型　/109

第三节　舞台化妆造型　/112

第七章
摄影化妆造型设计　/117

第一节　人像摄影化妆造型　/119

第二节　服装产品拍摄化妆造型　/122

第三节　喷枪化妆造型　/125

第四节　古风摄影化妆造型　/128

第五节　儿童摄影化妆造型　/135

第八章
影视化妆造型设计　/139

第一节　老年妆造型表现与应用　/141

第二节　黑人妆造型表现与应用　/150

第三节　演出特效妆造型表现与应用　/158

第四节　伤效妆造型表现与应用　/166

课后练习　/176

妆容赏析　/185

后记　/195

第一章
基础化妆

章节前导
Chapter preamble

在人物化妆造型设计中，整体方案的设计是非常重要的。因为一个完整的化妆造型作品，无论是运用在电影中、舞台剧中，还是人像摄影作品中，都需要根据应用场合、主题立意来进行。我们不能将化妆简单地理解为涂抹色彩或修饰五官。

化妆是影像艺术的主要构成要素，是画面视觉语言的重要组成部分，也是影视剧、舞台剧、人像摄影作品审美价值的体现。人物化妆造型包含了化妆技术与化妆艺术两个概念，除了在技术上达到要求之外，在艺术表达上，也更需要明确设计方案。化妆师应根据影视剧、舞台剧、摄影拍摄中的实际需要来构思设计并实施。

学习目标

素养目标：

1. 具备一定的审美与艺术修养；
2. 具备一定的语言表达、文字表述能力；
3. 具备一定的沟通交流能力；
4. 具备良好的职业道德；
5. 具备敏锐的观察力与快速应变能力；
6. 具备较强的创新思维能力；
7. 具备较强的美术绘画功底。

知识目标：

1. 了解化妆造型岗位礼仪与服务常识；
2. 掌握化妆的概念、目的和基本原则；
3. 掌握化妆品的种类、化妆材料的使用方法；
4. 掌握基本配色原理、饰品的佩戴方法；
5. 掌握化妆与头面部结构及绘画的关系；
6. 掌握人物、角色化妆基本造型特点及特效化妆塑形方法；
7. 掌握各种服饰搭配及影视人物设计的基本塑形技巧。

技能目标：

1. 能够运用综合知识进行各类化妆造型的方案设计；
2. 构思设计造型能够贴合演员、模特的肤色、气质，并满足场合、主题的实际需要；
3. 能通过化妆造型方案设计准确表达出导演的需求；
4. 能独立完成人物化妆造型方案设计。

第一节 职业特征及化妆历史

好的构思、好的设计能够使人产生联想，引起人们对于生活、对于社会的哲思，艺术来源于生活而高于生活，化妆艺术也是如此。造型艺术所表达出来的感觉，要使人觉得既新鲜又有一定的熟悉感。尤其在影视化妆上，影片的风格和表现形式不同，对于化妆的要求也不尽相同，须根据影片对人物设计的要求创作。因此化妆师不仅要有熟练的专业技能，还要学会用艺术家的思维去对待工作，应具备对生活、社会、艺术的敏锐观察力和感受力。

构思方案需要思考的内容比较多，如主题立意、色彩搭配、廓形塑造、五官修正等。方案实施后，能够在修饰演员、模特的外貌方面起到重要作用。通过化妆，演员能够表现出阶级特征、时代特征，化妆还能够起到刻画人物性格的作用，增加或减少演员的外观年龄，甚至是改变人物的民族特征和种族特征等。说到摄影化妆造型，模特的气质类型在化妆后都会发生改变。

那么对于化妆方案的构思要如何开始呢？

一、化妆的概念、起源及发展

概念： 化妆是指运用化妆品和工具，采取合乎规则的步骤和技巧，对人物的面部、五官及其他部位进行渲染、描画、整理，增强立体印象，调整形色，掩饰缺陷，表现神采，从而达到美容的目的。它能表现出人物独有的天然丽质、焕发风韵、增添魅力。成功的化妆能唤起女性心理和生理上的潜在活力，增强自信心，使人精神焕发，还有助于消除疲劳。（图1-1）

起源： 化妆的起源用下面的其中一种难以做出完整的解释，各个社会时期的主导文化不同，其起源也各不相同。（图1-2）

保护： 人类为了在某种环境中保护自身，伪装或隐蔽身体，最后这种保护装扮发展成美化手段。（图1-3）

图1-1
化妆工具

图1-2
唐朝时期妆容

图1-3
战争环境妆容

装饰：原始人从自然中受到启发，把花、动物等图案以文身或装饰的形式运用在整体妆容中。（图1-4）

身份：为表现地位、阶级、性别、婚否等，以集体或个人的形式人们开始了化妆。（图1-5）

约会：为了在异性面前展现自己的魅力而开始装扮自身。男女之间的爱情，不管古代或现代都是社会发展的推动力。（图1-6）

伪装：用动物的羽毛或骨头、植物色素来修饰脸部和身体，这种方法称为伪装。（图1-7）

发展：化妆是一种历史悠久的美容技术。古代的人在面部和身上涂上各种颜色和油彩，扮演神的化身，以此驱魔逐邪，以及显示自己的地位等。后来这种装扮渐渐只具有装饰的意味，一方面在演剧时需要改变面貌和装束，以表现剧中人物；另一方面是由于实用。如古代埃及人在眼睛周围涂上墨色，以使眼睛少受日光直射的伤害；在身体上涂上香油等，以保护皮肤免受日光的伤害和昆虫的侵扰等。如今，化妆则成为满足人们追求自身美的一种手段，其主要目的是利用化妆品并运用人工技巧来为天然美增色，不限男女。（图1-8）

图1-4　花环头饰妆容

图1-5 证件照妆容

图1-6 约会妆容

图1-7 部落妆容

图1-8 古代妆容变迁

《唐代社会概略》中有"脂粉黛泽之化妆，我国古代早已实行。迨及唐朝，人文綮然，宫嫔众多，使六宫粉黛，竞美争妍。所以化妆一项，更趋浓艳。日本平安朝女子之化妆，起源亦由于唐，今分为髻、额黄、眉黛、朱粉、口脂"，可见化妆是一种历史悠久的女性美容技术。（图1-9、图1-10）

图1-9　古代妆容1

图1-10　古代妆容2

二、化妆的作用和目的

化妆不仅可以增加个人魅力，还能增强个人自信心。对于女性来说，化妆可以让自己的容貌更加出众。

职场中的女性白领，化妆可以使其变得更加干练，更加自信，更具职业魅力。（图1-11）

对于职场男性来说，化妆不仅可以增加其干净整洁程度，还能增加男性魅力。化妆可以使得职场人士在与别人会面的时候提高自己的办事成功率，更有利于工作项目的顺利推进。（图1-12）

生活中，化妆可以使我们更加热爱生活，更加积极向上，心态变得更加乐观。（图1-13）

图1-11　女性职场妆容　　图1-12　男性职场妆容　　图1-13　生活中的古风妆容（李明君　摄）

1. 社会交往的需要

由于女性地位和生活方式的改变，社会交际越发频繁。女性可以通过恰当的妆容，搭配合适的服饰、发型，配合良好的修养、优雅的谈吐来体现个人魅力。

2. 职业活动的需要

在职业活动中，通过化妆以美好的容貌、文雅的举止展现在他人面前。

3. 特殊职业的需要

演员、模特等根据工作的需求或角色的不同来塑造人物。

化妆是热爱生活的表现。目的是扬长避短。（图1-14、图1-15）

图1-14　日常化妆　　图1-15　化妆工具

第二节　化妆材料与工具的使用及头面部结构

工欲善其事，必先利其器。要完成一个比较出色的化妆造型，首先要充分了解自己手中的化妆工具，并加以利用。整个化妆造型流程，我们要运用到很多种类的化妆工具，包括化妆刷系列、底妆系列、眼妆系列、修容系列、唇妆系列、造型工具等，而每个系列又包含很多不同种类的单品。

现代女性日常外出的背包中通常都有一个或大或小的化妆包，包含的化妆品及化妆工具是完成化妆过程的基础条件。要想掌握化妆技巧，首先须对化妆工具的种类、性质和用途有一定的了解。（图1-16、图1-17）

化妆工具：化妆纸、棉片与棉签、粉扑与海绵类、扫刷类、器械类及辅助工具等。

图1-16　化妆刷 　　　　　　　　　　　　　　图1-17　口红笔

一、不同化妆材料的作用

精油

精油存在于植物分泌腺中的油囊里。实际上精油不是油，没有油腻感，类似酒精，有挥发性。（图1-18）精油按它的构造及功能进行分类。

同一品种的精油香味都相同吗？葡萄酒的香味受制作时的气候影响。精油也同样受制作时的气候影响，气候不同其香味略有差异。

精油是否安全？精油虽然是纯天然物，但每个人的体质各异，有些人可能对某种精油过敏，使用前必须测试。精油刺激性非常强，必须稀释后才能在肌肤上使用。

使用精油有什么注意事项？精油正确使用有很好的效果，使用不当很危险。

图1-18　精油

基础油

植物性基础油通过压榨各种植物的种子、果实而得到。矿物油是以石油为原料的矿物油脂，其特点是不容易被肌肤吸收，在肌肤表面形成保护膜，不会引起皮肤过敏，也不会被氧化，因此很多化妆品制造商使用矿物油。矿物油的缺点是，长期连续使用时，矿物油会降低肌肤的活性，使肌肤越来越干燥而成为干性肌肤。

脂肪酸根据其结构可以分成三类：饱和脂肪酸、单不饱和脂肪酸以及多不饱和脂肪酸。饱和脂肪酸是碳元素和氢元素相互结合处于饱和状态。动物脂肪多数是饱和脂肪酸。单不饱和脂肪酸是应该和碳原子联结的氢原子少了一个。代表性的油脂是油酸及棕榈油酸。油酸在橄榄油、油茶籽油、菜籽油、杏仁油中含量较多。它的组成和人的皮脂接近，对肌肤的适应性好。棕榈油酸在鳄梨、马油、油茶籽油中含量较多。人类的皮脂中也含有棕榈油酸，它对人的肌肤的适应性好，能够补充肌肤随着年龄而减少的棕榈油酸，适合于干性、老化肌肤。多不饱和脂肪酸是和碳原子联结的氢原子少了两个以上。它处在比单不饱和脂肪酸更加不稳定的状态，很容易和氧原子结合而被氧化。含有这种脂肪较多的油脂，常温下呈液态。它能迅速被肌肤吸收，给人清爽感。

木蜡油主要以精炼亚麻油、棕榈油等天然植物油配合其他一些天然成分融合而成。（图1-19）

图1-19 基础油成分

二、不同化妆工具的用法和作用

海绵扑： 可以使粉底涂抹均匀的专用工具。使粉底和皮肤更加贴合，应选择质地较柔软、有弹性、密度较大的海绵扑。海绵扑有圆形和斜面之分，圆形可大面积使用，斜面可以处理细小部位。（图1-20）

粉扑： 用于涂拍定妆粉，一般呈圆饼形。专业化妆扑背后有一半圆形夹层或一根宽带，在定妆后的化妆过程中，化妆师要用小指勾住粉扑背面的带子作衬垫继续描画，以免蹭花已经画好的妆容。建议选择触感蓬松、轻柔的粉扑。（图1-21）

图1-20 海绵扑

眉钳： 用于修整眉形，使用时要顺着眉毛的生长方向拔，速度要快，逆着拔容易破坏毛囊而产生疼痛。（图1-22）

修眉刀： 用来修整眉形，或去除面部多余的毛发。在刀片选择上，要选带有防护功能的，可防止刮伤皮肤。（图1-23）

剪刀： 用于修理较长的眉毛，修剪时先用滚刷将眉毛梳理整齐后再进行修剪。还可用于修剪美目贴和假睫毛。（图1-24）

图1-21 粉扑　　图1-22 眉钳　　图1-23 修眉刀　　图1-24 剪刀

美目贴： 主要用来调整眼形。现在市面上有专门用来调整内双眼皮的特定形状的美目贴，一般需要根据不同的眼形来进行修剪，如下垂眼形可用后眼尾加宽的美目贴，可使下垂眼皮得到改善。美目贴应贴于双眼皮褶皱处。（图1-25）

睫毛夹： 可使睫毛更加卷翘自然，一般选择不锈钢质地的产品，挑选时应观察其橡胶垫是否结实、有弹性；夹口的橡胶垫一定要能够完全吻合，否则极易夹断睫毛。（图1-26）

假睫毛： 有整条的假睫毛和睫毛束两种。整条的假睫毛用于整个眼部的修饰，可使睫毛看起来更浓密。睫毛束适合局部种植粘贴，体现自然感。（图1-27）

图1-25 美目贴 　　图1-26 睫毛夹 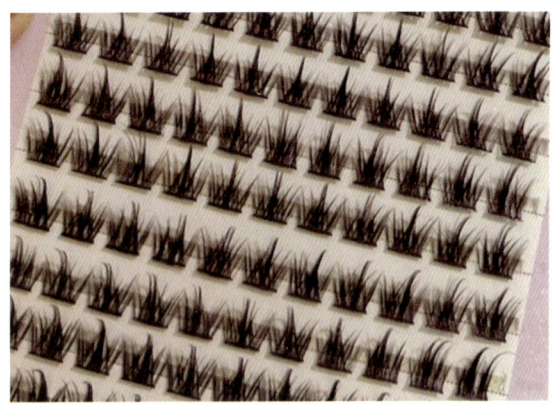　　图1-27 假睫毛

睫毛胶： 用于黏结假睫毛或面部饰物，一般挑选乳白色产品。睫毛胶在半干的状态时黏度最强。（图1-28）

刷具应选择柔软、有弹性、不刺激肌肤的动物毛刷，不散开，不掉毛。

扇形刷： 扇形刷外形饱满，毛质柔软且成弧形。多用于扫掉面部多余的散粉，是化妆刷中最大的一种。（图1-29）

修容刷： 用于涂刷提亮色和阴影色，修饰面部轮廓。（图1-30）

腮红刷： 腮红刷要选择毛质柔软、圆弧形的，柔软的毛质可扫出柔和的腮红，微笑时把腮红扫在笑肌处会更显可爱。（图1-31）

图1-28 睫毛胶 　　图1-29 扇形刷 　　图1-30 修容刷 　　图1-31 腮红刷

眉刷：选择眉刷时要选毛质柔软的斜面刷子。如果喜欢自然的眉毛，就可以准备一支眉刷，用眉刷蘸少许眉粉顺眉。（图1-32）

两用眉梳：一头是眉刷，另一头是眉梳，眉刷轻扫眉毛可使眉色更加清淡，眉梳可梳理结块的睫毛膏，可使睫毛根根分明，更加自然。

眼影刷：选择刷子时要选择毛质柔软的，可多准备几支大小不同的眼影刷，大的刷浅色，小的刷深色，可更好地突出眼影的层次过渡。眼影刷比较专业。（图1-33）

图1-32 眉刷和两用眉梳 　　图1-33 眼影刷

海绵刷：非专业人士可以用到，能很好地将眼影粉晕开。（图1-34）

眼线刷：要选择刷头较小、毛质柔软的，用眼线刷画眼线可以达到自然柔和的效果，可用眼线刷蘸眼线粉在睫毛根部描画。（图1-35）

唇刷：想描绘出色的唇形，除了用唇线笔以外，也可用唇刷来完成，这样就可以省下许多颜色的唇线笔。可用唇刷蘸唇膏勾画出不同的唇形，也可以帮助均匀上色。（图1-36）

遮瑕刷：用于蘸粉底遮盖面部细小部位的瑕疵，如眼袋、黑眼圈等。使面部看起来更加洁净。（图1-37）

图1-34 海绵刷 　　图1-35 眼线刷 　　图1-36 唇刷 　　图1-37 遮瑕刷

滚刷：螺旋状的，梳理眉毛和晕开眉笔画重了的痕迹，达到自然的效果。也可扫出眉毛上多余的粉底，使眉毛更加干净。

清洁工具：棉棒、化妆棉等，用于去除面部的污迹，也可用来卸妆。

其他装饰物：水钻、羽毛等。

化妆箱：要注意空间结构的合理性。

三、头面部结构关系

骨骼分析：颅是头面部骨骼的总称，俗称头骨，它分为脑颅和面颅两部分。（图1-38、图1-39）

对面部骨骼结构进行了解是美容化妆的基础环节。在学习矫正化妆之前，必须熟悉面部骨骼基本部

位及其名称，掌握基本部位的特点，才能够有针对性地进行美容化妆。下面是面部骨骼的基本部位及其名称。

脑颅

额骨：女性以额丘发达为美；眉弓，男性较发达；眶上缘（生长眉毛的位置）、眶外缘（妆面中提亮使人面部立体）；额骨以宽为美；男性的额骨偏斜，女性的额骨偏圆。

顶骨：左右各一块决定头部的宽窄。

枕骨：呈勺状，俗称后脑勺。

蝶骨：体现衰老感的位置，俗称太阳穴，体现立体感的位置，是人体较为脆弱的部位。

面颅

鼻骨：以高为美，直而挺拔，薄而脆、梨涡状。鼻根比内眼角高，显得鼻子长。鼻根到鼻梁的部分就是鼻骨，而鼻梁到鼻尖的部分是软骨。

颧骨：两侧突出面颊。颧弓，脸部最宽处，颧弓下陷，体现了一定的衰老感，也会突出面部骨感，两边颧骨连线长度是脸的宽度。

上颌骨：犬齿隆突（过于发达会造成龅牙），犬齿窝，起到固定其他牙齿的作用。

下颌骨：头骨中唯一可以活动的骨骼。下颌支，连接上颌骨；下颌角，俗称腮，女性略平缓显得柔美，男性略鼓突显得硬朗；下巴须，女性呈卵形显得秀气，男性呈方形显得阳刚；须隆突（颏下点），男性发达，显得粗犷。

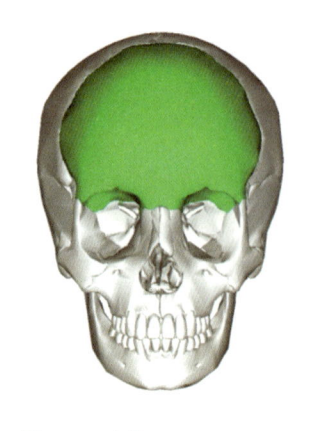

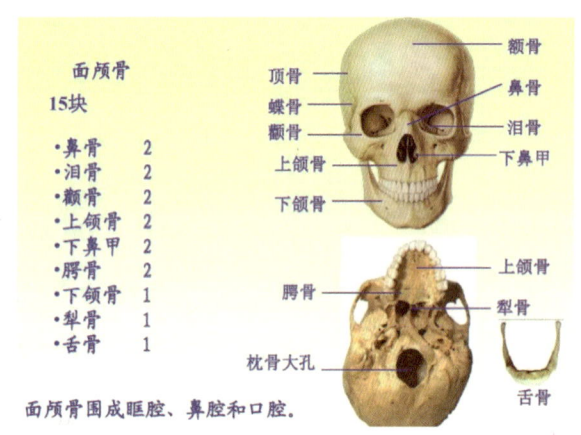

图1-38 头骨　　图1-39 骨骼分析图

四、不同脸形的判定

颞骨宽：两边太阳穴之间的距离。（图1-40）

颧骨宽：两边颧骨之间的距离。（图1-41）

下颌骨宽：两边下颌骨之间的距离。（图1-42）

额头曲度：额头是尖，还是圆？（图1-43）

下巴曲度：下巴是方，或是尖，还是圆？（图1-44）

脸形的长宽比：1∶1，还是2∶1？（图1-45）

图1-40　颞骨宽（梦琪　绘）　　　图1-41　颧骨宽（梦琪　绘）　　　图1-42　下颌骨宽（梦琪　绘）

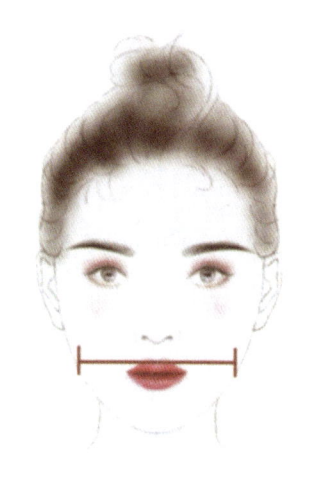

图1-43　额头曲度（梦琪　绘）　　图1-44　下巴曲度（梦琪　绘）　　图1-45　脸形的长宽比（梦琪　绘）

第三节　化妆基础知识

　　底妆是整个妆容的基础，做好铺垫工作很重要。首先要用化妆水去角质，然后根据不同的肤质进行修复，干性肌肤要用保湿精华增加湿润度，油性肌肤要特别注意T区（T区是指额头到鼻子之间的区域，因为看起来很像大写字母"T"，所以称为T区），要使用一些具有控油效果的妆前产品。上底妆之前一定要上隔离霜，隔离霜一般有紫色和绿色，紫色隔离霜能够中和蜡黄、暗沉肤色的黄感，使肤色变得洁净透明；绿色隔离霜适合红血丝皮肤，可修正肤色的红感。

　　上完底妆后一定要定妆，扫上蜜粉能将妆容固定，使化妆品不会轻易移位或剥落，令妆容保持光泽，延长妆容的持久度。裸妆时，眼影和眼线是必要的，不然眼部轮廓会显得十分生硬。基础化妆流程如图1-46所示。

一、化日妆的程序

洁面： 首先用洗面奶、清水将面部清洁干净。（图1-47）

化妆水、润肤霜： 日光下容易脱妆，化妆前必须选用收敛性的化妆水，然后抹上合适的润肤霜。（图1-48、图1-49）

乳液： 化日妆宜选用乳液，含油量不宜太大，可选用水溶性乳液。（图1-50）

隔离霜： 用于调整皮肤的颜色，适合化日妆使用，方便快捷，肤色黄的人用紫色隔离霜，可显皮肤亮白；红血丝皮肤用绿色隔离霜可起掩饰作用。（图1-51）

粉底液： 适用于肤质好的人，也可以局部涂抹，用量宜少、薄，有严重斑点的部位和高光部位可多涂抹两次，皮肤较干或有严重斑点的皮肤应使用粉底霜。（图1-52）

图1-46 基础化妆流程图

图1-47 洁面 　　图1-48 化妆水 　　图1-49 润肤霜

图1-50 乳液 　　图1-51 隔离霜 　　图1-52 粉底液

定妆刷： 用定妆刷蘸少量散粉或用粉饼在脸部定妆，宜薄，尤其是脸颊和眼部，散粉宜少。（图1-53）

眼影： 眼部结构好的人可用单色眼影晕染，用眼影刷蘸少量眼影色，从上眼睑外眼角向内眼角轻轻晕染，然后用干净的大扁头刷晕染，位置为眼球的边缘线上。（图1-54、图1-55）

眼线： 睫毛浓密的人可不画眼线，睫毛稀疏的人可选合适的眼线笔，画上下眼线，然后用眉刷蘸深色眼影做晕染，使眼线产生睫毛的浓密感和自然感。（图1-56至图1-58）

眉毛： 眉毛条件好的人，只需用眉刷蘸少量深色眼影刷顺眉毛即可；眉毛条件差者，可用深色眼影轻刷一遍，缺少的眉毛要用眉笔一根一根地按眉毛生长的方向画上。（图1-59）

口红： 日妆的口红颜色不宜太鲜艳，尽量接近唇色，可选用粉质无光的口红，画出唇形后用唇刷蘸单色口红晕染，或涂上少量浅色唇釉。（图1-60、图1-61）

睫毛： 睫毛条件好的人，可用无色睫毛膏刷一遍；睫毛条件差的人，要先把睫毛夹弯上翘，然后刷两三遍增长睫毛膏，使睫毛向上弯曲，可增强眼睛的立体感和魅力。（图1-62）

胭脂： 脸形和肤色好的人可以不刷胭脂，需要刷时用胭脂刷，选择浅红色胭脂，用量宜少不宜多，呈现自然、似有似无的感觉即可。（图1-63）

图1-53　定妆刷

图1-54　眼影上妆步骤1

图1-55　眼影上妆步骤2

图1-56　眼线画法1

图1-57　眼线画法2

图1-58　眼线画法3

标准眉	·适合所有脸形
弯月眉	·适合方脸
一字眉	·适合长脸
平弯眉	·适合中挺长或者长脸
小挑眉	·适合圆形、菱形脸
落尾眉	·适合心形脸

图1-59 不同脸形的眉形搭配

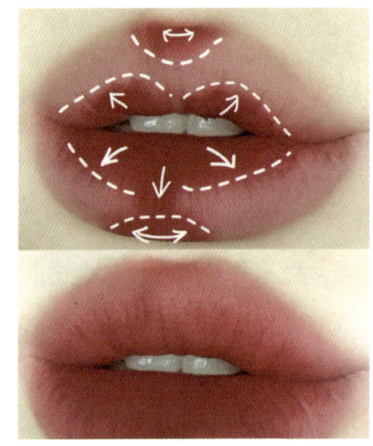

图1-60 口红上妆技巧图

图1-61 唇刷晕染口红效果图

图1-62 睫毛上妆图

图1-63 胭脂盘

二、化妆与绘画的关系

化妆不是素描，而是以素描为基础，以色彩来表现，都是表现立体空间关系。（图1-64、图1-65）只不过色彩是在纸上或布上表现人物或物品及环境的空间立体关系，化妆是根据人本身的特点在人的脸

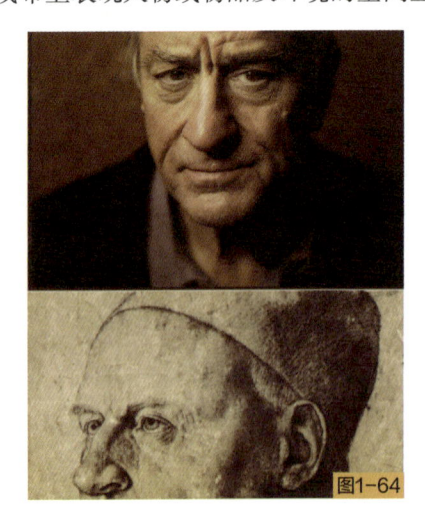

图1-64
人像素描

图1-65
手绘立体妆面

上或身体上进行立体关系的塑造。

三、了解头面部结构对化妆的作用

椭圆形脸配上相称的五官，被公认为最理想的"美人坯子"，是标准的脸形，从形状上看像鹅蛋，其基本形状是上半部长圆，下半部圆尖，宽度约为长度的四分之三，两眼的距离以一只眼的宽度为准，轮廓有立体感，看上去俊美动人。这种脸形不需要任何矫正，应尽量保持其完美。化妆时要注重自然，避免过多修饰。椭圆形脸容易上妆，也适合多种发型。（图1-66）

所谓"五眼"即指脸的宽度，以眼睛为标准，把面部的宽分为五个等分：两眼的内眼角之间的距离应是一只眼睛的宽度，两眼的外眼角延伸到外耳廓的距离又是一只眼睛的宽度。一般嘴的宽度约与两眼瞳孔间的距离相等。从内眼角到鼻翼外侧边缘，到嘴角处常常成一条斜线。（图1-67）

面部的层次应是，鼻梁直而高，颧骨略为突出，前额与下颌成水平，眼窝略有凹陷。（图1-68）

内轮廓：在眉峰处各拉一条垂直线，两线之间。

外轮廓：脸部靠边缘处至内轮廓线之间。

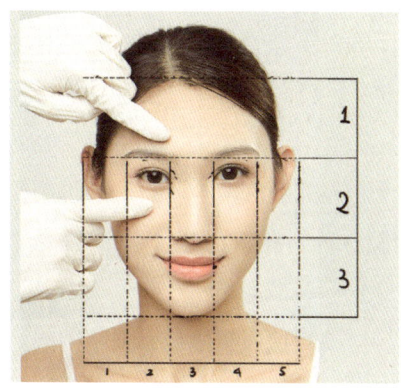

图1-66 椭圆形脸　　　　　图1-67 五官比例图　　　　　图1-68 面部层次图

面部的凹凸层次主要取决于面、颅骨和皮肤的脂肪层。当骨骼小、转折角度大、脂肪层厚时，凹凸结构就不明显，层次也不分明；当骨骼大、转折角度小、脂肪层薄时，凹凸结构明显，层次分明。凹凸结构过于明显时，则显得棱角分明，缺少女性的柔和感；凹凸结构不明显时，则显得不够生动甚至有肿胀感。因此，化妆时要用色彩的明暗度来调整面部的凹凸层次。

现如今，在"三庭五眼"的基础上出现了一个更为精确的标准，各个部位皆符合此标准，即为美人。具体如下：眼睛的宽度为同一水平脸部宽度的十分之三，下巴长度为脸长的五分之一，眼球中心到眉毛底部的距离为脸长的十分之一，眼球直径为脸长的十五分之一，鼻子的表面积要小于脸部总面积的二十分之一，理想嘴巴宽度为同一脸部宽度的二分之一。

脸形的修正主要通过美妆产品采用化妆技巧对面部五官进行刻画，以改变脸形的不足。下面针对几种典型的脸形特征及修饰技巧做详细介绍。

四、脸形的种类及修正化妆技巧

椭圆形脸

椭圆形脸，也就是鹅蛋形脸，是女孩子们梦寐以求的脸形。鹅蛋形脸的额头与颧骨部位基本一样宽，比下颌稍宽一些，脸的宽度大概是脸的长度的三分之二。椭圆形脸最为完美，不需要太多的修饰。（图1-69）

底妆的修饰：在前额发际线处和下巴涂暗影色，削弱脸的长度感。

眉毛的修饰：适合画任何眉形，眉尾可略长，这样可加强面部的宽度感。

眼睛的修饰：眼影要涂得横长，着重在外眼角并向外延伸，这样使脸显得短一些。

鼻子的修饰：鼻侧影要尽量浅淡或不画。

腮红的修饰：在颧骨略向下的位置做横向晕染。

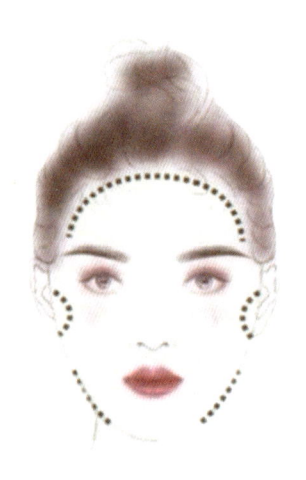

图1-69 椭圆形脸（梦琪 绘）

圆形脸

圆形脸圆润丰满，额骨、颧骨、下颚及下颌骨转折缓慢，脸的长度与宽度的比例小于4:3。圆形脸给人的感觉是年轻而有朝气，但容易显得稚气，缺乏成熟的魅力。（图1-70）

底妆的修饰：用比自己肤色亮一个色号的粉底液全脸打底，再用比自己肤色深两个色号的粉底液均匀涂于两腮。再用高光在T区、下眼睑外侧与外眼角上侧分别提亮。

眉毛的修饰：眉毛适宜画得微挑，修整时把眉头压低，眉梢挑起，这样的眉形使圆形脸显长。

眼睛的修饰：靠近内眼角的眼影颜色应重点强调，靠近外眼角的眼影应向上描画，不宜向外延伸，否则会增加脸的宽度，使脸显得更圆。

鼻子的修饰：突出鼻侧影的修饰，使鼻子挺拔，以减弱圆形脸的宽度感。

腮红的修饰：斜向上方涂抹，与两腮的颜色衔接，过渡自然。

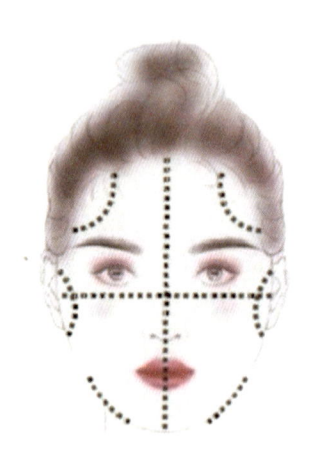

图1-70 圆形脸（梦琪 绘）

方形脸

方形脸的人，方脸形线条较直，前额和下颌骨宽而且方，角度转折明显，脸的长度和宽度相近。给人的印象是意志坚定、坚强，但缺了少女温柔的气质。（图1-71）

底妆的修饰：全脸用浅于肤色色号的粉底液打底，将深于肤色两个色号的粉底液涂于两腮和额头两侧，在眼睛的外侧下方涂亮色。

眉毛的修饰：眉毛适宜画得微挑，修整时把眉头压低，眉梢挑起，这样的眉形使脸显长。

眼睛的修饰：靠近内眼角的眼影颜色应重点强调，靠近外眼角的眼影应向上描画，不宜向外延伸，否则会增加脸的宽度，使脸显得更宽。

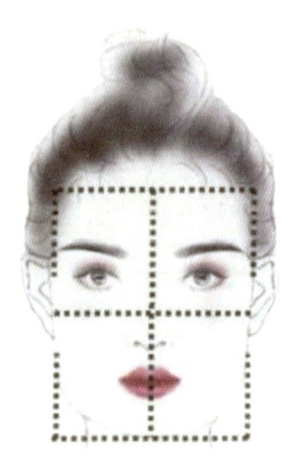

图1-71 方形脸（梦琪 绘）

鼻子的修饰：突出鼻侧影的修饰，使鼻子挺拔，以减弱方形脸的宽度感。

腮红的修饰：在颧骨处呈三角形晕染，腮红位置略靠上。

正三角形脸

正三角形脸脸部上窄下宽，因此又称"梨形脸"，额的两侧过窄，下颌骨宽大，脸的下半部宽大。这种脸形给人以安定感，显得富态、威严，但不生动。（图1-72）

底妆的修饰：用阴影色涂两腮，亮色涂额中部和鼻梁上半部位及外眼角上下部位。

眉毛的修饰：适合平直的眉形，眉梢应长些。

眼睛的修饰：眼影的涂抹方法与圆形脸和方形脸相同。

腮红的修饰：在颧骨外侧纵向晕染。

图1-72 正三角形脸（梦琪 绘）

倒三角形脸

倒三角形脸就是人们常说的"瓜子脸"或"心形脸"，它的特点是额较宽，下颚过于窄，脸部轮廓比较清爽脱俗，给人以俏丽、秀气的印象，有单薄、柔弱之感。（图1-73）

底妆的修饰：在前额两侧和下颏涂暗影色，在颧骨下部位涂浅亮色。

眉毛的修饰：适合弯眉，眉头略重。

眼睛的修饰：眼影的描画重点在内眼角处。

腮红的修饰：在外眼角水平线和鼻底线之间，横向晕染。

菱形脸

菱形脸上额角过窄，颧骨凸出，下颏过尖。面部单薄而不丰润。菱形脸的人显得机敏、精明，但容易给人留下冷淡、清高的印象。（图1-74）

底妆的修饰：在颧骨旁和下颏处涂阴影色，在上额角和两腮处涂亮色。

眉毛的修饰：适合平直的眉毛。

眼睛的修饰：眼影色向外眼角外侧延伸，色调宜柔和。

腮红的修饰：比面颊两侧的侧影略深，并与侧影色部分重合。

图1-73 倒三角形脸（梦琪 绘）　图1-74 菱形脸（梦琪 绘）

第四节 化妆步骤与局部修饰技巧

一、了解化妆的基本步骤

1. 先涂抹隔离霜，隔离霜是彩妆的第一步，可以隔离彩妆和灰尘。（图1-75）
2. 使用气垫BB霜（BB是Blemish Balm的缩写，意思是伤痕保养霜），网纱设计，干净又好取粉。（图1-76、图1-77）
3. 使用遮瑕膏，点在面部瑕疵和痘痘处。（图1-78）
4. 用散粉进行定妆。（图1-79）
5. 画眉毛时，先用眉刷将眉毛刷自然，用眉笔画出需要的眉毛轮廓，再进行内部填充。（图1-80）
6. 眉毛画完之后画眼影。（图1-81）
7. 眼影画完之后，是刷睫毛。在刷睫毛之前，要先用睫毛夹把睫毛夹一下，然后用睫毛刷呈"Z"字形来刷，这样睫毛不会粘连到一起，还会显得浓密纤长。（图1-82）
8. 修容可以打造小脸。（图1-83）

图1-75 常见隔离霜颜色

图1-76 气垫BB霜

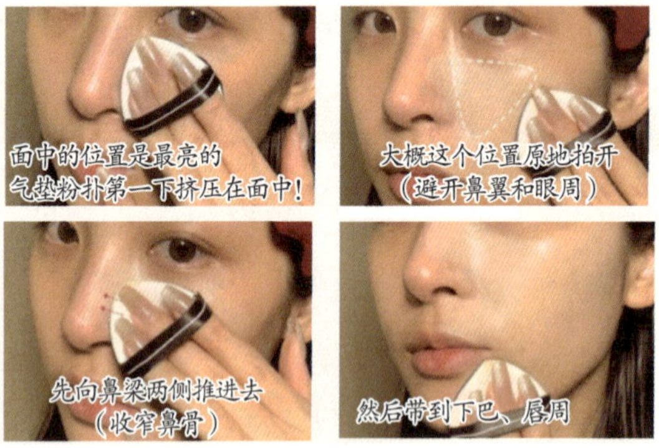

图1-77 涂抹气垫BB霜的方法

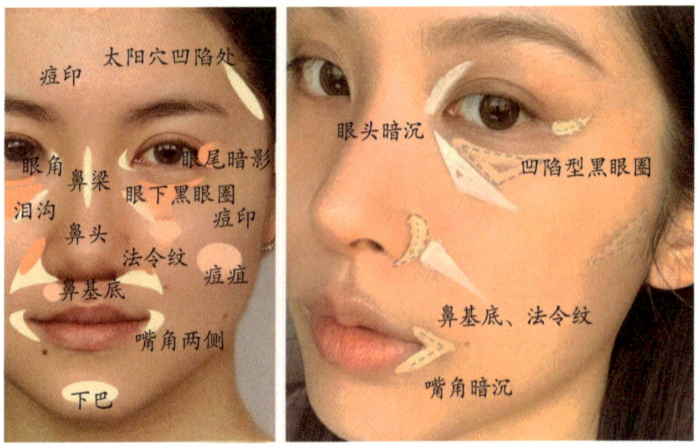

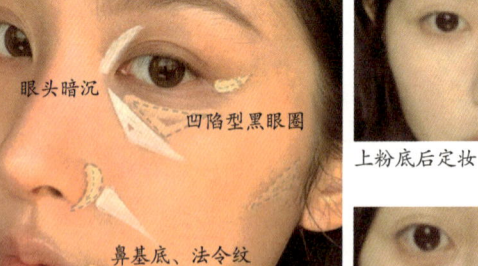

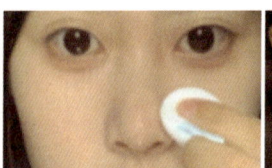

图1-78 遮瑕膏的使用方法

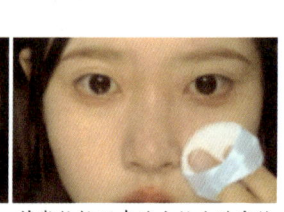

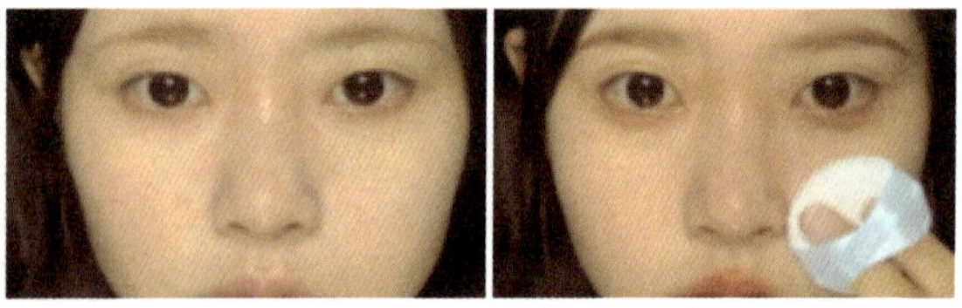

图1-79 定妆的方法

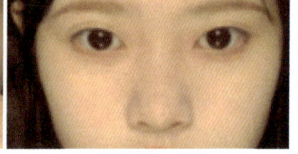

图1-80 画眉毛步骤 　　图1-81 画眼影步骤 　　图1-82 睫毛的化妆法

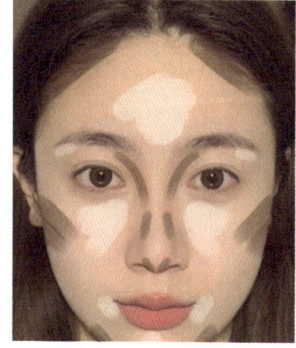

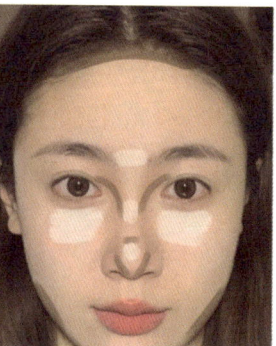

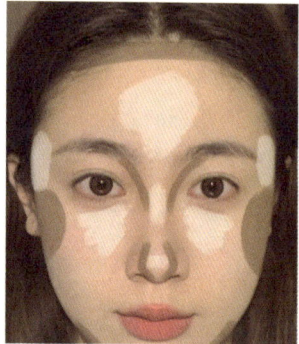

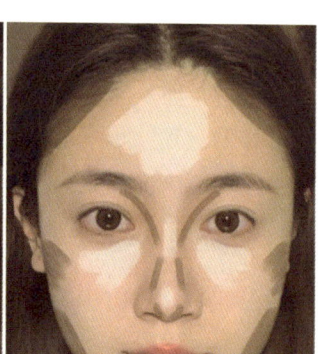

圆脸　　长脸　　菱形脸　　方圆脸

图1-83 各种脸形的修容方法

9. 接下来是腮红部分，腮红应根据每个人的脸形以画圈圈或上斜法上妆。（图1-84）
10. 最后涂抹口红。（图1-85）

微醺眼下腮红　　日常清透腮红　　纯欲幼腮红

日杂奶腮红　　长脸氛围腮红　　上镜骨相腮红

图1-84 腮红的各种装扮

| 兔系唇 | 夹心唇 | 纯欲唇 | 结构唇 |

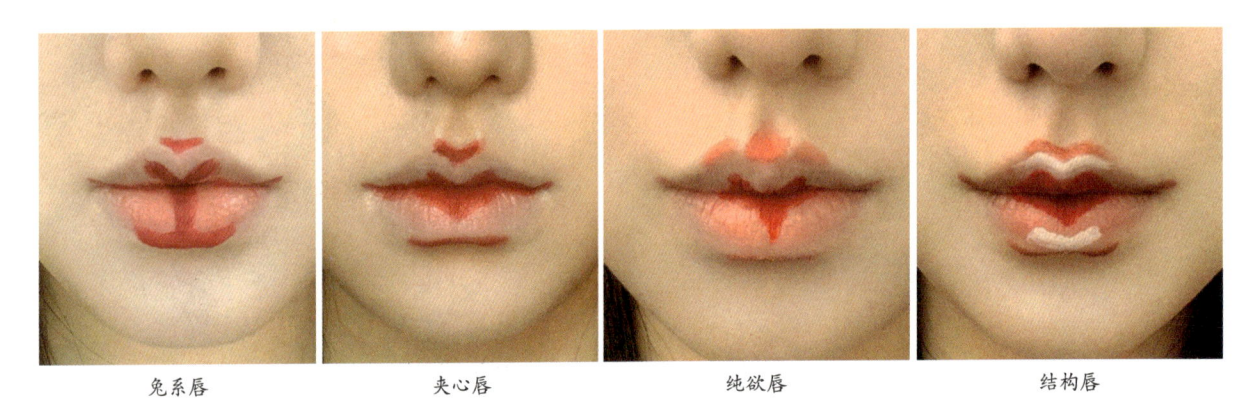

图1-85　唇妆结构图

二、遮瑕的技巧与应用

遮瑕是面色修饰的一项重要内容。它与粉底组成一个有机的整体，共同肩负起对面部皮肤的美化和修饰作用。遮瑕是用遮瑕膏遮盖那些粉底盖不住的瑕疵，在涂粉底前或者粉底后使用。常用遮瑕膏有米黄色、淡绿色、紫色、蜜桃色、裸色和咖色等。（图1-86）

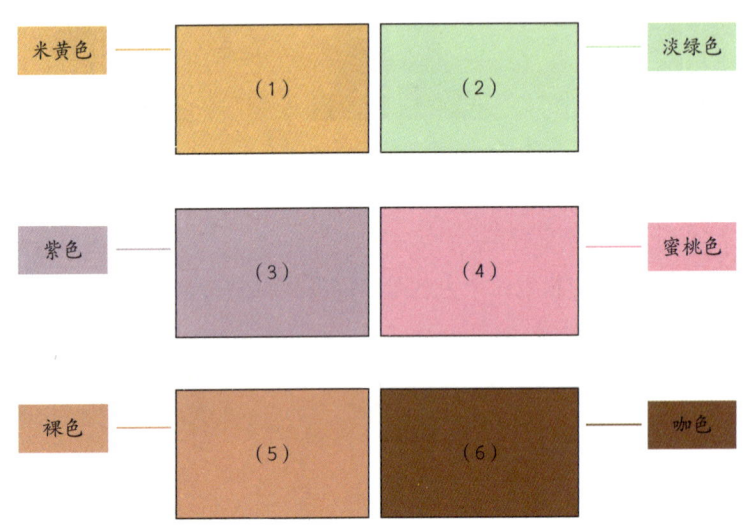

图1-86　遮瑕膏的色相

（1）米黄色遮瑕膏：是目前较新较受喜爱的遮瑕用品，对于各种瑕疵的遮盖效果都很好，而且不影响皮肤的透明感，也不会留下白印，淡妆和浓妆都适合使用。

（2）淡绿色遮瑕膏：对发红的皮肤有抑制和遮盖作用。

（3）紫色遮瑕膏对偏黄皮肤有一定的抑制和遮盖作用。

（4）蜜桃色遮瑕膏：一般用于遮盖黑眼圈。

（5）裸色遮瑕膏：很像粉底，只是其遮盖力强于粉底，但美中不足的是使用后皮肤易失去透明感，所以只适合极小面积使用。

（6）咖色遮瑕膏：一般用于修容，和修容粉的效果差不多。

各种遮瑕膏的应用效果如图1-87所示。

(2) 隐匿红痘印 + (4) 遮盖黑眼圈	(2) 隐匿红痘印 + (5) 全脸遮瑕
(4) 遮盖黑眼圈 + (1) 提亮肤色	(4)+(5) 遮盖黑眼圈+全脸遮瑕 + (1) 提亮肤色
(3) 修饰暗沉 + (4) 遮盖黑眼圈	(6) 修出小V脸 + (1) 提亮肤色

图1-87　各色遮瑕膏的应用效果

涂遮瑕膏时，用化妆海绵蘸取少量遮瑕膏，轻轻擦按在皮肤上。遮瑕膏的用量一定要少，否则会形成白印，影响化妆效果。涂抹遮瑕膏时动作要尽量轻，使遮瑕膏薄而均匀地覆盖在皮肤上。面部遮瑕的顺序为眼周—鼻窝—嘴角—面部有斑点的部位。

三、肤色化妆的修饰方法

（一）根据需要来调整肤色

根据需要也就是根据需要聚会的具体时间和形式来安排，首先需要用两款粉底来完成自由变换的底妆，然后再将约三分之一的深色粉底和三分之二的浅色粉底调匀后拍按在皮肤上，这个时候需要粉底的色调较自然些，能够起到微调脸形轮廓的效果。如果是白天聚会的话就需要浅色稍多一些，如果是在晚间聚会或者需要拍照的时候则建议深色加多一点。（图1-88）

（二）在关键部位上进行遮瑕

首先以下几个地方就是关键部位，眼下、额头两侧、鼻翼以下、唇下、颧骨下方需要用遮瑕笔轻点几点，然后再用中指点均匀，使它能够与粉底融合，这样不但可以将脸上的阴影除掉，还可以增加明亮度。（图1-89）

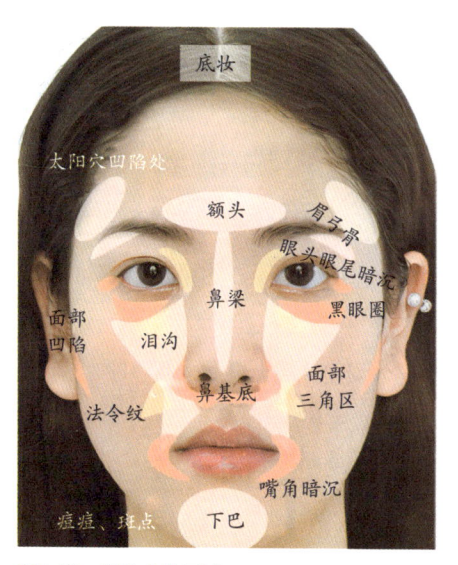

图1-88　底妆上妆区域

（三）需要用到腮红来制造肌肤白皙粉嫩的效果

首先微笑一下，然后从笑起来两颊的最高点向太阳穴斜扫上去，再由这一点向下方刷两下，最后沿着太阳穴向下直刷到下巴旁边。（图1-90）

4种面部遮瑕提亮法

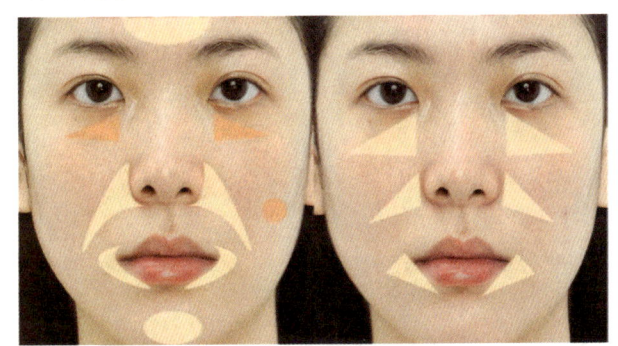

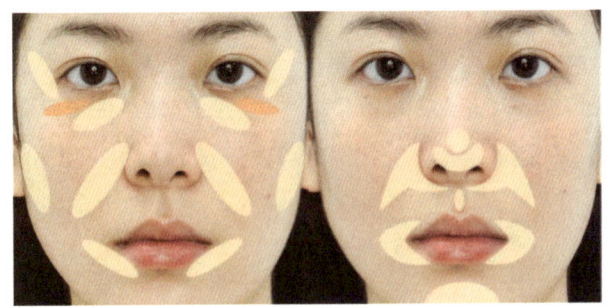

基础提亮法　　　　　三角形提亮法

六笔提亮法　　　　　凸嘴提亮法

图1-89　需遮瑕的部位和方法

气质网红腮红　　　日常实用腮红

纯欲减龄腮红　　　减龄氛围腮红

日系微醺腮红　　　骨相上镜腮红

图1-90　腮红上妆技巧

四、局部化妆的修饰方法

要掌握好整体的容貌美化技术，首先应熟练把握构成整体容貌的面部各个局部的修饰与描画方法，然后才能追求妆容的整体协调和变化。可见局部修饰方法和技巧是掌握化妆技术的关键。

（一）眉毛的修饰

眉毛的修饰是化妆的重点之一，它不仅可以衬托眼睛，使眼部光彩迷人，也能不同程度地改善脸部的长短与宽窄的视觉效果。眉毛的外观，因时代、人种、喜好、流行等差异而有所不同，但都应根据脸形、眉骨凹陷程度和眉眼之间的距离等来设计适合脸形的眉形。

（二）标准眉形的确定

眉头：位于鼻翼与内眼角的延长线上。

眉峰：位于鼻翼与瞳孔外侧的延长线上，约在整条眉毛的三分之二部位。

眉梢：位于鼻翼与外眼角的延长线上。

眉毛的形状、色调可展示个性和情绪，可影响整个脸形的视觉效果，也是区别妆型特点的主要部位。

眉毛由眉头、眉峰、眉梢三部分相连组成。标准眉形的眉头的起点在鼻翼内侧向上方的延长线上，始于与内眼角相垂直的部位；眉峰位于眉毛外侧的三分之二部位，当眼睛平视时在黑眼球的外侧；眉梢位于从唇峰、鼻翼、外眼角的延长线上。眉梢与眉头的高度基本持平，或者眉梢略高于眉头。（图1-91）

（三）修饰方法

眉毛的修饰方法一般分两个步骤完成，即修眉和画眉。

修眉是利用修眉工具（图1-92）将多余的眉毛去除，使眉毛线条清晰、整齐和流畅，为画眉打下一个良好的基础。修眉的方法大致分为拔眉法、剃眉法和剪眉法。

拔眉法是清除标准眉形之外多余眉毛的方法。操作要领是左手将皮肤绷紧，右手用镊子夹住眉毛根部，顺着眉毛的生长方向快速拔掉。其特点是修过的地方很干净，眉毛再生速度慢，眉形的保持时间相对较长，不足之处是拔眉时有些疼。

剃眉法是用修眉刀将不理想的眉毛刮掉，以便重新描画眉形。剃眉时，用一只手的食指和中指将眉毛周围的皮肤绷紧，另一只手的拇指、食指、中指和无名指固定刀身，修眉刀与皮肤呈45°。这个角度不易伤及皮肤。

剪眉法是用眉剪对杂乱多余的眉毛或过长的眉毛进行修剪，使眉形显得整齐。先用眉梳或小梳子，根据眉毛生长方向，将眉毛梳理成型，然后将眉梳平着贴在皮肤上，用眉剪从眉梢向眉头逆向修剪。眉梢可以稍短些，眉峰至眉头部位，除特殊情况外，不宜修剪。这样可以形成眉的立体感与层次感。

1. 眉头 位于鼻翼与内眼角的延长线上。
2. 眉峰 位于鼻翼与瞳孔外侧的延长线上，约在整条眉毛的三分之二部位。
3. 眉梢 位于鼻翼与外眼角的延长线上。

图1-91 标准眉形区域图

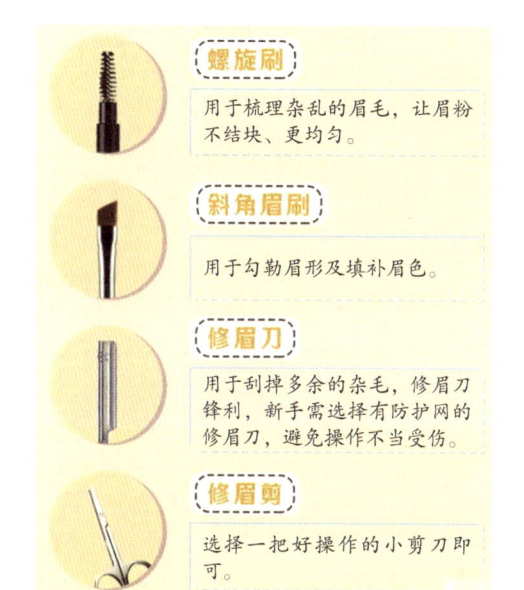

螺旋刷 用于梳理杂乱的眉毛，让眉粉不结块、更均匀。

斜角眉刷 用于勾勒眉形及填补眉色。

修眉刀 用于刮掉多余的杂毛，修眉刀锋利，新手需选择有防护网的修眉刀，避免操作不当受伤。

修眉剪 选择一把好操作的小剪刀即可。

图1-92 修眉工具

五、常用五种眉形风格展示

标准眉：适合大多数人，由粗到细，由深到浅。（图1-93）

平眉：适合长脸，平而略粗，显年轻。（图1-94）

高挑眉：给人妖娆、精明的感觉。（图1-95）

柳叶眉/弯眉：看起来有年代感，给人妩媚的感觉。（图1-96）

剑眉：一般男士具有，眉峰没有回落。（图1-97）

图1-93 标准眉（梦琪 绘）

图1-94 平眉（梦琪 绘）

图1-95 高挑眉（梦琪 绘）

图1-96 柳叶眉/弯眉（梦琪 绘）

图1-97 剑眉（梦琪 绘）

六、眉形的矫正化妆

（一）离心眉及其矫正化妆

两眉头间距过远，大于一只眼睛的长度为离心眉。离心眉使五官显得分散，容易给人留下不太聪明的印象。

修正方法：在原眉头前画一个"人工"眉头，描画时要格外小心，否则会显得生硬不自然。要点是将眉峰略向前移，眉梢不要拉长。（图1-98）

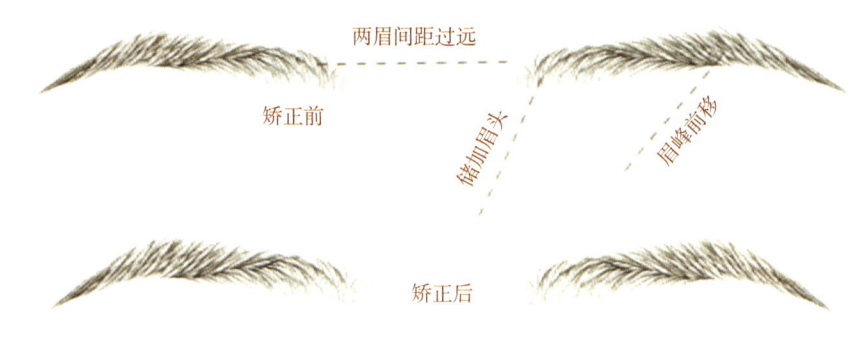

图1-98 离心眉及其矫正化妆（梦琪 绘）

（二）过于上扬的眉形及其矫正化妆

眉头低，眉梢上扬；挑眉使人显得有精神，但过于挑起的眉则显得不够和蔼可亲。

修正方法：将眉头的下方和眉梢上方的眉毛除去。描画时，也要侧重于眉头上方和眉梢下方的描画，这样可以使眉头和眉梢基本在同一水平线上。（图1-99）

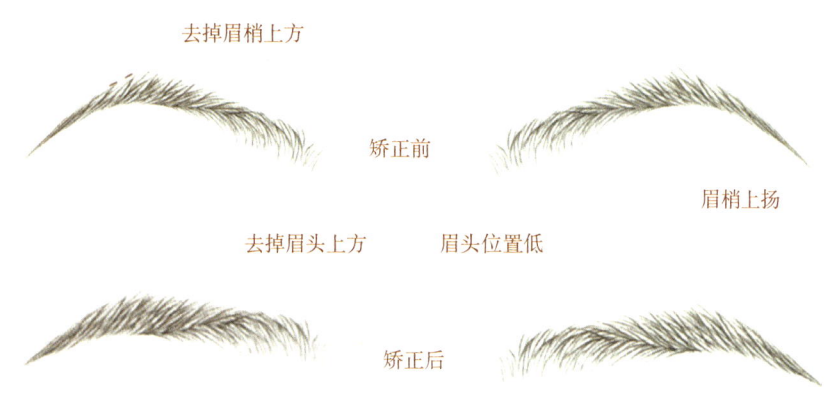

图1-99 过于上扬的眉形及其矫正化妆（梦琪 绘）

（三）下垂眉及其矫正化妆

眉梢低于眉毛的水平线，下垂眉使人显得亲切，过于下垂的眉会使面容显得忧郁愁苦。

修正方法：去掉眉头上方和眉梢下方的眉毛。眉头下方和眉梢上方的位置补画眉毛。（图1-100）

（四）短粗眉及其矫正化妆

眉形短而粗，这样的眉形显得不够生动，有些男性化。

修正方法：根据标准的眉形将多余的部分修掉，然后用眉笔补画缺少的地方。（图1-101）

（五）眉形散乱及其矫正化妆

眉毛生长杂乱，缺乏轮廓感及立体感，会使面部五官不够清晰、干净，显得过于随便。

修正方法：先按标准的眉形将多余的眉毛去掉，在眉毛杂乱的部位涂少量的定型液，然后用眉梳梳顺，再用眉笔加重眉毛的色调。（图1-102）

图1-100　下垂眉及其矫正化妆（梦琪　绘）

图1-101　短粗眉及其矫正化妆（梦琪　绘）

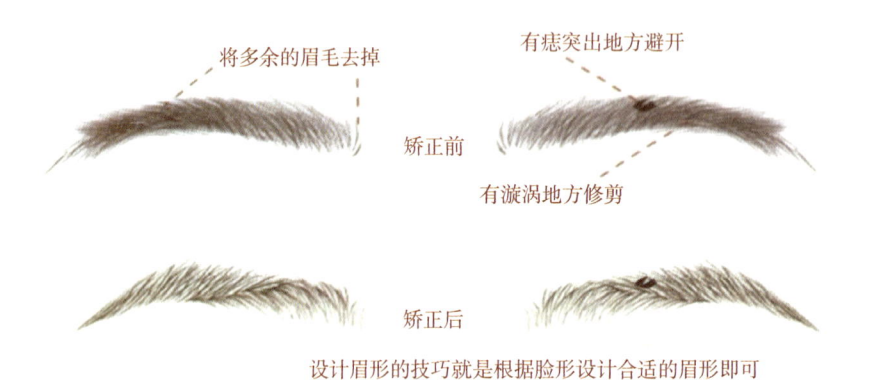

图1-102　眉形散乱及其矫正化妆（梦琪　绘）

（六）眉形残缺及其矫正化妆

由于疤痕使眉毛的某一段有残缺现象，令眉毛本身的生长不完整。

修正方法：先用眉笔在残缺处淡淡描画，再对整条眉进行描画。（图1-103）

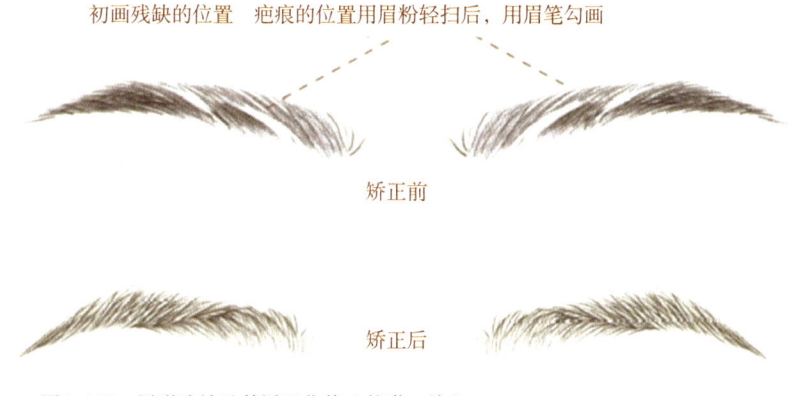

初画残缺的位置　疤痕的位置用眉粉轻扫后，用眉笔勾画

矫正前

矫正后

图1-103　眉形残缺及其矫正化妆（梦琪　绘）

七、眼的修饰

眼形的修正主要通过眼线和眼影来实现。通过描画粗细不同、离睫毛根远近不同的眼线来改变眼睛的大小及眼角的上挑和下斜效果，利用眼线的深浅和描画位置的变化来弥补眼形的缺陷，还可以通过粘贴假睫毛和美目贴来修正眼形。

（一）美化眼形

加强眼睛的神采，使眼睛黑白对比明显。画眼线有两种方法，一种是眼线笔描画，另一种是水溶性眼线粉描画。（图1-104）

眼线笔描画选择软芯防水眼线笔，把笔尖削薄削细。沿睫毛根部描画，上眼线粗下眼线略细。当眼线笔不上色时，可用笔尖沾少许油膏润润笔芯再描画。用眼线笔描画显得柔和自然，适于生活妆。

眼线粉描画选择粉细色准的眼线粉，用小号扁头刷由眼尾向内眼角描画。描画时手要稳，下笔要均匀。上眼线眼尾的描画位置要略高于眼睛轮廓。眼线粉的描画色彩显得艳丽，适于化浓妆使用。

第1步 画内眼线
填充睫毛膏根部空隙，再顺着睫毛根部描线。

第2步 画眼尾
眼尾处拉长线条，并且微微上扬，加粗线条。

第3步 眼头与眼尾连接
从眼头处描画，直到与眼尾处相连，再次修补空隙处。

细节晕染

小号扁头刷

立起刷子，从后往前晕染；注意睫毛根部不要留白。

小号扁头刷适合处理小面积着色和细节！

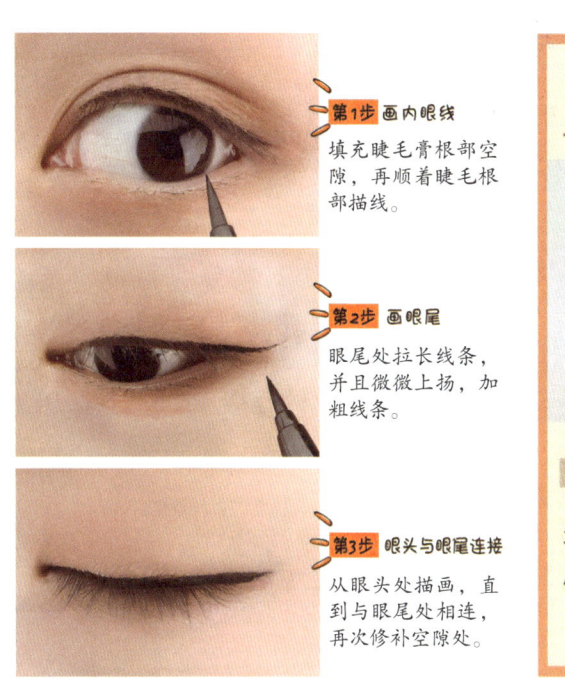

图1-104　眼线画法

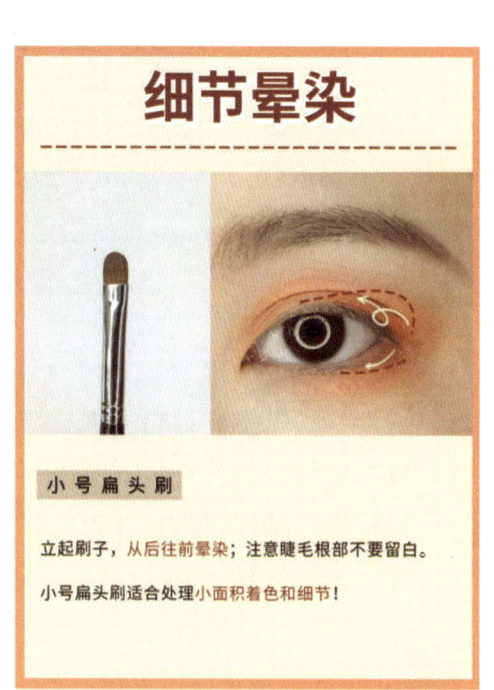

（二）美化睫毛

1. 涂染睫毛膏

睫毛是眼睛的第一道防线，可防止风沙、汗水等异物对眼睛的袭击，同时长而浓密的睫毛能使眼睛显得妩媚动人。涂染睫毛膏可弥补自身睫毛短而稀少的不足，显得长而浓密，使眼睛更具魅力。（图1-105）

（1）先用睫毛夹夹卷睫毛，使其上翘。

（2）上眼睑的睫毛用睫毛刷从根部向睫毛梢纵向涂染，边涂边转睫毛刷。

（3）下眼睑的睫毛要横向涂染。

需要涂得厚些时，应先薄涂一层，在睫毛上蘸少许蜜粉，再涂染一层睫毛膏，尽量避免一次涂得太厚。

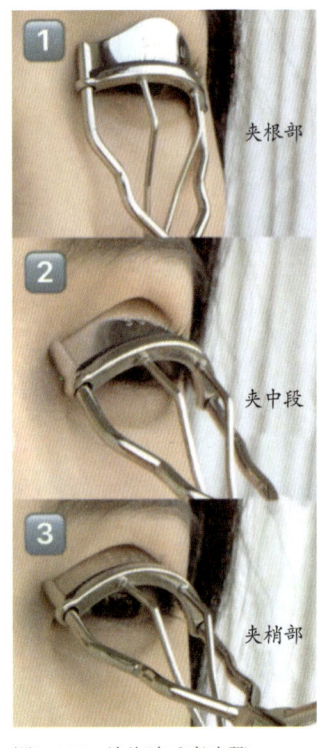

图1-105 涂染睫毛膏步骤

2. 粘贴假睫毛

当自身的睫毛短而稀少时，可借助假睫毛进行修饰，能加强浓妆的妆型效果。（图1-106）

（1）首先将成形的假睫毛根据需要进行修剪，一般应剪得有参差感，使其显得自然。

（2）在假睫毛根部涂上睫毛胶，但应避免涂得过多，以防外溢。

（3）用镊子夹住假睫毛，紧贴自身睫毛根部稍微施力按压、贴紧。

（三）注意事项

（1）眼线的描画要整齐干净，眼线的形状要符合弥补眼形的需要，眼线的粗细、色调深浅与妆型要协调。

（2）涂染睫毛膏后，要保持睫毛呈一根根的自然状态，不能粘连在一起。

① 夹睫毛，涂睫毛膏
先用睫毛夹把原本的睫毛夹翘，然后涂睫毛膏稍微定型（这样贴的时候不会被真睫毛抵住）

② 用镊子取出一片式假睫毛
注意夹住一边的根部提起，不要只夹住几根毛发往上拔，这样会让假睫毛变形或者直接损毁
然后扭一扭 →
（让睫毛更服帖）

③ 比眼睛长度
把假睫毛在自己眼睛上比一下，剪掉过长的部分（如果刚好贴合就不用剪）
剪掉多余部分 →
（竖着剪不要斜着剪，不然会扎眼睛）

④ 涂睫毛胶
在假睫毛的根部涂上睫毛胶停留一会儿（15～30秒左右）
（等胶水部分变成半透明状态就可以开始贴了）
（注意不要涂在上部或者下部，不然会粘住眼皮）

⑤ 眼睛向下看，用镊子或手固定眼中位置
（沿着睫毛根部垂直地对着自己的睫毛上面）
然后再固定眼尾
最后固定好眼头再调整一下整体

⑥ 把真、假睫毛一起用睫毛夹夹一遍
用睫毛夹把自己的睫毛和假睫毛再夹一夹
让它们更加贴合（这个时候可以再上一层睫毛膏）
眼线笔填补
然后用眼线笔填补好真、假睫毛中间空隙

图1-106 粘贴假睫毛步骤

（3）粘贴假睫毛要与自身睫毛的角度协调一致，假睫毛要修剪得自然。

（四）相关知识

眼睛是一个球体，三分之一露出体表，形成弧面形。眼影的晕染要强调和表现这个弧面（同素描绘画），用亮色表现凸出部分，用来表现转折面，使眼睛与眉骨、眼睛与鼻骨的凹凸关系表现得自然得体。眼睛的轮廓由内外眼角、上下眼睑、眼裂和眼线组成。上眼睑的内外眼角呈水平线，上眼睑弧度大，弧度最高点位于中部，下眼睑弧度小，弧度的最低点位于距外眼角的三分之一处。下眼睑的内眼角低于外眼角，上眼睑睫毛长而浓密，下眼睑睫短而稀少，因此，一般眼线的描画是上粗下细、上长下短，上下眼线比例为7：3，外眼角眼线的描画要比内眼角浓。眼睛与眉毛之间的宽度为一只眼睛平视时的宽度。

八、十大眼影技法解析

1. 平涂眼影

平涂眼影画法：这是一种自下而上的横向晕染方法，眼影在靠近睫毛根部的部位颜色最重，逐渐向上晕染，越来越淡，直至消失，呈现出明显的渐变效果。一般用于眼部自身结构较好的眼形。（图1-107）

2. 两段式眼影

两段式眼影画法：此种眼影画法可表现出跳跃的颜色、明快的节奏，与渐层法相比更丰富一些。两段式眼影的画法及着色原则：后段眼影颜色较深，前段眼影颜色较浅。（图1-108）

图1-107 平涂法（梦琪 绘）　　　　　图1-108 两段式（梦琪 绘）

3. 三段式球体眼影

三段式球体眼影画法：前、后段眼影颜色较深，中间眼影颜色最浅，呈现出球体效果，运用三段式手法可以描画出节奏明快、色彩跳跃感较强的眼影。（图1-109）

4. 烟熏眼影

烟熏眼影画法：以黑色、深咖色及深灰色为主调，利用深色系眼影颜色，采用渐层技法，表现出色彩深浅的感觉。（图1-110）

图1-109 三段式（梦琪 绘）　　　　　图1-110 烟熏法（梦琪 绘）

5. 前移眼影

前移眼影画法：可分为两段式眼影来打造，外眼角眼影色要浅，内眼角眼影色要深。眼影的重色在内眼角处往眉头、眼尾、鼻侧的位置进行晕染。（图1-111）

6. 后移眼影

后移眼影画法：主要是用眼影在内眼角的部位顺着眼睛的弧度向后延伸加以晕染，色彩逐渐过渡消失。其最显著的效果是拉长眼形。并在视觉上拉远两眼之间的距离，适合两眼距离偏近的人。（图1-112）

图1-111 前移法（梦琪 绘）　　　　　图1-112 后移法（梦琪 绘）

7. 小倒钩眼影

小倒钩眼影画法：晕染到整个眼窝的三分之一处被称为小倒钩，利用色彩的明暗对比，外眼角呈"L"等相关形状。（图1-113）

8. 大倒钩眼影

大倒钩眼影画法：晕染到整个眼窝的三分之二处被称为大倒钩，利用色彩的明暗对比，外眼角呈"L"等相关形状。（图1-114）

图1-113 小倒钩法（梦琪 绘）　　　　图1-114 大倒钩法（梦琪 绘）

9. 欧式眼影

欧式眼影画法：内外眼影加重，中间颜色浅，加深眼窝位置，有增强双眼的深度及三维效果作用，多表现在舞台、电影、电视或想制造出眼窝深邃的妆容中，适合五官立体、眉眼间距偏远的女性。（图1-115）

10. 渐层眼影

渐层眼影画法：选择同色系，深色晕染至双眼皮褶皱处，浅色从双眼皮褶皱处向上晕染至整个眼窝。（图1-116）

图1-115 欧式法（梦琪 绘）　　　　图1-116 渐层法（梦琪 绘）

九、眼形的矫正化妆

1. 两眼间距较小

两眼间距小于一只眼的长度，使得面部五官看起来较为集中，给人以严肃、紧张甚至不和善的印象。

修正方法：

（1）眼影：靠近内眼角的眼影用色要浅淡，要突出外眼角眼影的描画，并将眼影向外拉长。适合用后移眼影画法。

（2）眼线：上眼线的眼尾部分要加粗加长，靠近内眼角部分的眼线要细浅；下眼线的内眼角部分不描画。只画整条眼线的二分之一或三分之一长，靠近外眼角部分加粗加长。（图1-117、图1-118）

图1-117 修饰前（梦琪 绘）

上眼线内眼角处要细浅
上眼线眼尾加粗加长
下眼线内眼角部分不描画

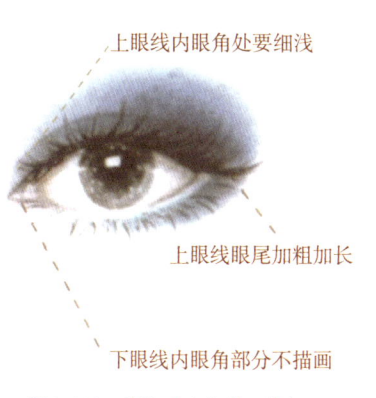

图1-118 修饰后（梦琪 绘）

2. 两眼间距较大

两眼间距宽于一只眼的长度，使五官显得分散，面容显得无精打采，松懈迟钝。

修正方法：

（1）眼影：靠近内眼角的眼影是描画的重点，要突出一些，外眼角的眼影要浅淡些，并且不能向外延伸，适合用前移眼影画法。

（2）眼线：上下眼线的内眼角处都略粗些，外眼角处相对细些，不宜向外延伸。（图1-119、图1-120）

内眼角处的眼线画得略粗些
开内眼角
还需要用鼻侧影修饰

图1-119 修饰前（梦琪 绘）　　　　图1-120 修饰后（梦琪 绘）

3. 上斜眼（吊眼、丹凤眼）

外眼角明显高于内眼角，眼形呈上升状。目光显得机敏、锐利，给人严厉、冷漠的印象。

修正方法：

（1）眼影：内眼角上方和外眼角下方的眼影应突出些。

（2）眼线：描画上眼线时，内眼角处略粗，外眼角处略细。下眼线的内眼角处要细浅，外眼角处要粗重，并且眼尾处下眼线不与睫毛重合，而在睫毛根的下侧。（图1-121、图1-122）

外眼角位置高
内眼角位置低

图1-121 修饰前（梦琪 绘）

内眼角位置柔和带过，不宜用深色、冷色
外眼角下眼睑加宽眼线，眼影可和上眼睑同一色系（暖色）

图1-122 修饰后（梦琪 绘）

4. 下垂眼

外眼角明显低于内眼角，眼形呈下垂状。下垂眼使人显得和善、平静，如果下垂明显，则使人显得呆板、无神和衰老。

修正方法：

（1）眼影：内眼角的眼影颜色要深，面积要小，位置要低；外眼角的眼影色彩要突出，并向上晕染。

（2）眼线：上眼线的内眼角处要细浅些，外眼角处要宽些，眼尾部的眼线要在睫毛的上侧画。下眼线内眼角略粗，外眼角略细，上下眼角位置尽量衔接。（图1-123、图1-124）

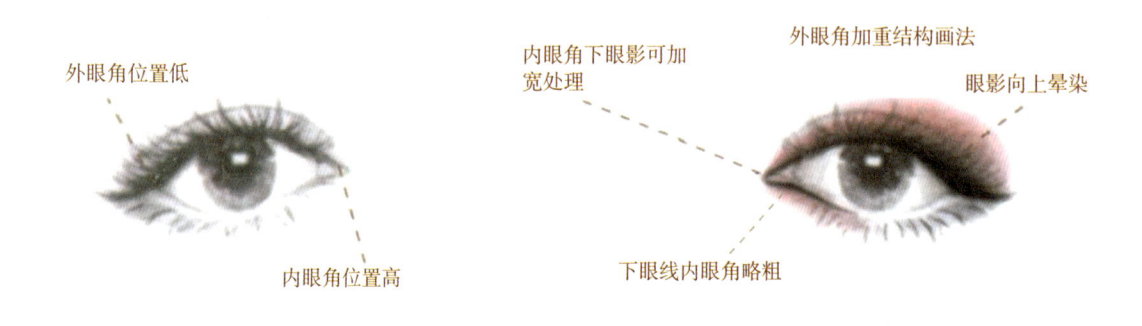

外眼角位置低
内眼角位置高

图1-123 修饰前（梦琪 绘）

内眼角下眼影可加宽处理
外眼角加重结构画法
眼影向上晕染
下眼线内眼角略粗

图1-124 修饰后（梦琪 绘）

5. 细长眼

眼睛细长会有眯眼的感觉，细长眼使整个面部缺乏神采。

修正方法：

（1）眼影：上眼睑的眼影与睫毛根之间留有一些空隙，下眼睑眼影从睫毛根侧向下晕染宽些。眼影宜选用偏暖色。

（2）眼线：上下眼线的中间部位略宽，两侧眼角画细些，向外延伸。（图1-125、图1-126）

上眼睑的眼影与睫毛根之间留有一些空隙

上下眼线的中间部位略宽

图1-125　修饰前（梦琪　绘）　　　图1-126　修饰后（梦琪　绘）

6. 圆眼

内眼角与外眼角的间距小，圆眼显得机灵。

修正方法：

（1）眼影：上眼睑内、外眼角的色彩要突出，并向外晕染。上眼睑中部不宜使用亮色。下眼睑的外眼角处的眼影用色要突出，并向外晕染。

（2）眼线：上眼线的内、外眼角处略粗，中部略细，下眼线只画二分之一长，靠近内眼角不画，外眼角处眼线略粗。（图1-127、图1-128）

上眼睑中部不宜使用亮色

下眼睑的外眼角的眼影用色要突出

图1-127　修饰前（梦琪　绘）　　　图1-128　修饰后（梦琪　绘）

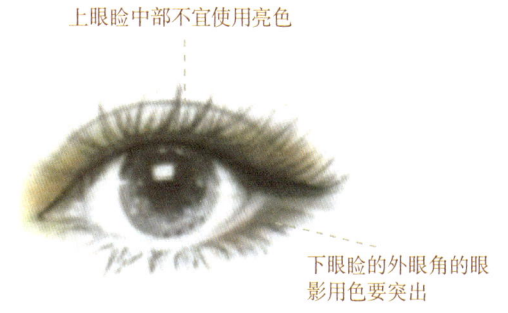

7. 小眼睛

眼裂较窄，小眼睛显得不宽厚。

修正方法：

（1）眼影：多用单色眼影进行修饰。眼影的颜色一般使用具有收敛性的咖色、灰色、褐色、土黄色等，由睫毛根部向上方晕染并逐渐消失。

（2）眼线：外眼角处的上、下眼线略粗并呈水平状向外延伸。（图1-129、图1-130）

多用单色眼影进行修饰

外眼角处的上、下眼线略粗并呈水平状向外延伸

图1-129　修饰前（梦琪　绘）　　　图1-130　修饰后（梦琪　绘）

8. 肿眼睛

上眼皮的脂肪层较厚或眼皮内含水分较多，肿眼睛使人显得松懈没精神。

修正方法：

（1）眼影：颜色不宜选用浅、亮色系，适合用暗色，从睫毛根部向上晕染并逐渐淡化。靠近外眼角的眼眶上涂半圈亮色使眼周的眉弓骨突出，从而削弱上眼皮的厚重感。

（2）眼线：上眼线的内外眼角处略宽，眼尾略上扬。眼睛中部的眼线细而直，尽量减少弧度。下眼线的眼尾处粗，内眼角处略细。（图1-131、图1-132）

图1-131 修饰前（梦琪 绘）　　图1-132 修饰后（梦琪 绘）

9. 眼眶凹陷

具有欧化的风格，眼眶凹陷，较有现代时尚感，但又会让人有成熟憔悴的印象。

修正方法：

（1）眼影：选择眼影时，可使用一些浅色系，使上眼睑突出，增加柔和感，眉弓骨处的色彩不可过于明亮，否则在强烈的对比下，会使得眼部的凹陷感加强。

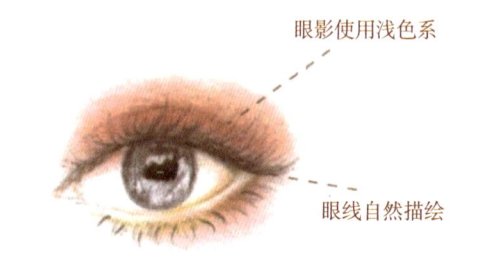

（2）眼线：眼线自然描绘。（图1-133、图1-134）

图1-133 修饰前（梦琪 绘）　　图1-134 修饰后（梦琪 绘）

10. 上白眼及下白眼

上白眼及下白眼的特征类似，都是眼球不居中。

修正方法：

（1）上白眼的矫正：可以戴美瞳矫正眼球位置，睫毛可以适当下压，眼影重点在上面的位置晕染。（图1-135）

（2）下白眼的矫正：可以戴美瞳矫正眼球位置，眼影重点在下面的位置晕染。（图1-136）

图1-135　上白眼的修饰前后（梦琪　绘）　　　　图1-136　下白眼的修饰前后（梦琪　绘）

11. 眼袋较重

下眼睑下垂，脂肪堆积，眼袋较重使人显得苍老、缺少生气。

修正方法：

（1）眼影：眼影色宜柔和浅淡，不宜过分强调，一般选用咖色和米黄色。

（2）眼线：上眼线的内眼角处略细，眼尾略宽。下眼线浅淡或不画。（图1-137、图1-138）

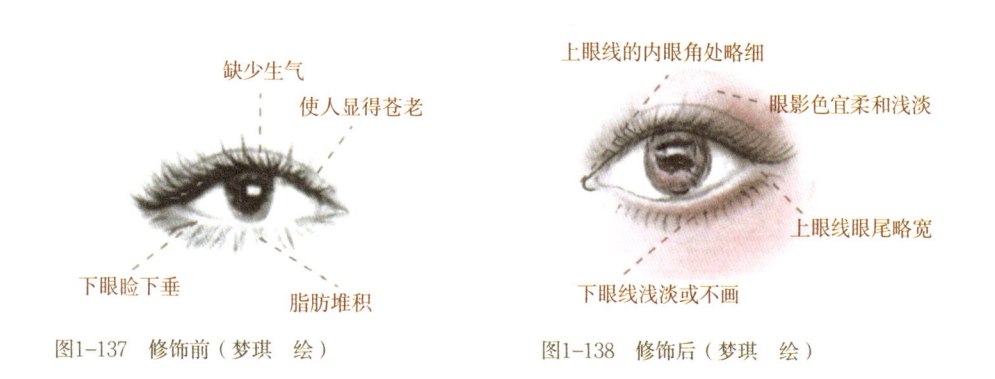

图1-137　修饰前（梦琪　绘）　　　　图1-138　修饰后（梦琪　绘）

十、唇的修饰

唇是面部最鲜艳且生动的部位，嘴唇与面部表情密切相关，它有高度特性化的表情功能。通过对唇部的修饰，不仅能增强面部色彩，而且还有较强的调整肤色的作用。

（一）修饰步骤与方法

（1）将唇边缘用粉底霜遮盖，并用蜜粉压实，再用护唇膏护理唇面。

（2）用削成鸭嘴形的唇线笔或毛制唇笔勾画唇形轮廓线。

（3）用唇笔蘸适当颜色唇膏从唇角向唇中部涂抹，由外向内涂满。或者用唇笔由中间向两侧唇峰涂抹至上唇角，下唇则由中间向两侧唇角涂抹，两种涂抹方法均可。

（4）用纸巾将唇面的亮光吸去，再涂抹一遍唇膏，可较长时间保持颜色不掉。化妆时在涂满唇膏的最饱满部位涂抹上唇釉，使嘴唇显得饱满，唇形富有立体感。（图1-139、图1-140）

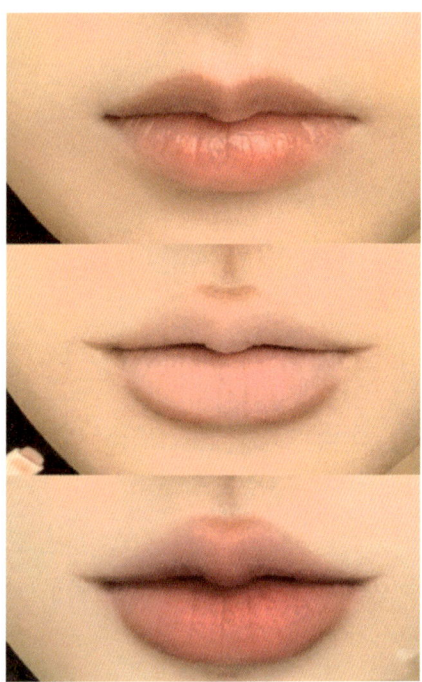

图1-139 粉底霜遮盖唇边缘　　　　　　　　　　图1-140 上口红步骤

（二）注意事项

（1）勾画的唇形要符合脸形和个性特点。

（2）使用的唇膏色要与眼影用色、腮红用色、服饰色彩协调统一。

（3）轮廓线要清晰，避免模糊不清。

（三）相关知识

唇部皮肤与其他部位皮肤结构不同，是一个毛细血管丰富又表浅的薄膜组织。唇肌坚实柔软有弹性，上唇角略短于下唇角，下唇角略向上翘，唇峰相对于鼻孔的内侧较突起，下唇的转折起始于唇峰对应的部位，唇的中部厚，唇角薄，上唇略薄，下唇略厚，上唇色深于下唇。

不同唇形的特点：唇峰圆润使人显得成熟，唇峰尖且间距小使人显得年轻。圆润饱满的唇形使人显得性感，棱角分明的唇形使人显得刚毅。

唇色的选择：暖色唇膏显得活泼，适用于年轻人和偏暖色的妆型。冷色唇膏显得比较沉稳，适用于年龄略大和偏冷色的妆型。

（四）唇形的矫正化妆

唇形矫正前，应先用与基色相近且遮盖力较强的粉底将原唇的轮廓进行遮盖，后用蜜粉固定，再进行修饰，以使矫正后的唇形效果自然。

1. 标准唇形（图1-141）

（1）上唇比下唇略薄，上唇微翘。

（2）唇色红润，唇缝清晰，唇中部呈球状凸起。

（3）唇宽约等于两瞳孔的距离。

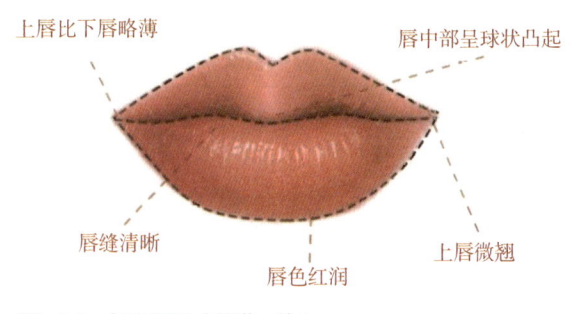

图1-141 标准唇形（梦琪 绘）

2. 唇形偏厚

修正方法：保持唇部原有的长度，再用唇线笔沿原轮廓内侧描画唇形。唇膏色宜选用深色或冷色以增强收缩效果，避免使用鲜红色、粉色和亮色。（图1-142）

3. 唇形偏薄

修正方法：在唇周涂浅色粉底，增强唇部的饱满度，再用唇线笔沿原轮廓向外扩展。唇膏可选用暖色、浅色或亮色，以增加唇的饱满感。（图1-143）

图1-142 唇形偏厚修正方法（梦琪 绘）

图1-143 唇形偏薄修正方法（梦琪 绘）

4. 唇角下垂

修正方法：用粉底遮盖唇线和唇角，将上唇线提起，提高嘴角，上唇唇峰及唇谷不变，下唇线略向内移。下唇色要深于上唇色，亮色唇膏不宜使用过多。（图1-144）

5. 嘴唇平直

平直的嘴形缺乏表现力，面部不生动。

修正方法：按照标准唇描画，涂抹唇膏，嘴角不可连接。（图1-145）

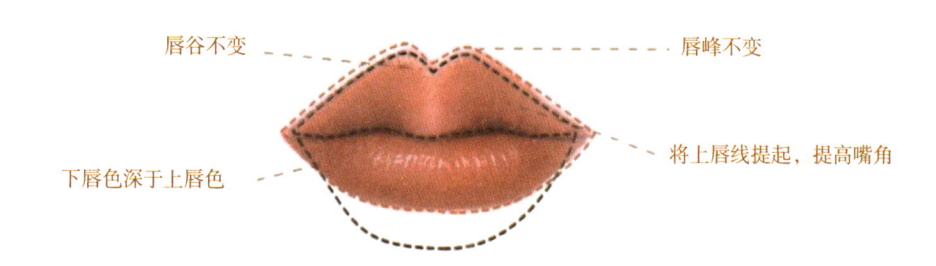

图1-144 唇角下垂修正方法（梦琪 绘）

图1-145 嘴唇平直修正方法（梦琪 绘）

十一、面颊的修饰

可以用腮红增加面部的红润感，使面色显得健康，还可以用腮红修饰不理想的脸形。

（一）修饰步骤与方法

用化妆刷蘸少许适当颜色的胭脂在手背上揉一揉，避免颜色过于集中。将揉开的胭脂涂在颧骨边缘。根据脸形的需要向上下左右晕染开。（图1-146）

（二）注意事项

在晕染过程中应先蘸少许胭脂向四周晕开，然后再蘸再晕，不要一次用量太多，避免色度过强和色块堆积。腮红的晕染要显得中心色调深，周围越来越浅淡至与肤色自然衔接。

（三）相关知识

面颊的修饰主要表现在腮红的晕染上，一般腮红应涂在颧骨旁一笑就抬起的肌肉部位。晕染效果要为颧骨服务，使颧骨显得略微凸起且圆润，一般向内在颧骨下缘的中部，向下不低于鼻底平行线，向上不能高于外眼角平行线。

图1-146 腮红位置

十二、鼻的修饰

鼻位于面部中庭，是整个面部最凸起的部位。它在面部的凹凸层次视觉中起着至关重要的作用。理想的鼻形应该是：鼻根始于眉头，鼻翼位于眼角垂直线的外侧，鼻梁由鼻根向鼻尖逐渐高起，鼻梁直而挺拔，鼻尖圆润，鼻中隔略向里倾。

（一）修饰方法

（1）根据妆型选择适当的阴影色。

（2）将阴影色涂在鼻梁两侧，从鼻根外侧开始向下涂，颜色逐渐变浅，直至鼻尖处消失。

（3）在鼻梁上和鼻尖上擦亮色并晕染开。（图1-147）

（二）注意事项

阴影色与亮色要衔接自然，使凹凸感明显且过渡柔和。鼻影用色与妆色要协调。鼻侧影要对称，鼻梁上的亮色宽度要适中。

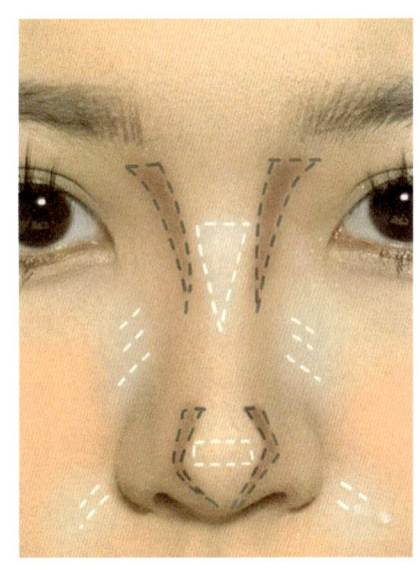

图1-147 鼻子的修饰方法

（三）鼻形的矫正化妆

主要通过鼻侧影和亮色的涂抹来实现。对于不同的鼻形，鼻侧影和亮色的使用也有所不同。

1. 塌鼻梁

修正方法：鼻侧影上端与眉毛衔接，在眼窝处颜色较深，向下逐渐淡化。在鼻梁上较凹陷的部位及鼻尖处涂亮色，但面积不宜过大。（图1-148）

2. 鼻子较短

修正方法：鼻侧影上端与眉毛衔接，下端直到鼻尖。鼻侧影的面积应略宽。亮色从鼻根处一直涂抹到鼻尖处，要细而长。（图1-149）

3. 鹰钩鼻

修正方法：鼻侧影从内眼角旁的鼻梁两侧开始到鼻中部结束，鼻尖处涂暗色。鼻根部及鼻尖上侧涂亮色，鼻中部凸起处不涂亮色。（图1-150）

4. 宽鼻

修正方法：鼻侧影涂抹的位置与鼻子较短的情况相同。鼻尖部涂亮色，用明暗色对比加强鼻尖和鼻翼之间的反差，使鼻子显窄。（图1-151）

5. 鼻梁不正

修正方法：歪向哪一侧，哪一侧的鼻侧影就要略浅于另一侧，亮色在脸部的中心线上。（图1-152）

6. 朝天鼻

修正方法：鼻尖过翘、鼻头朝上、鼻孔暴露过多，通过阴影将鼻子的重点转移，高光打在鼻梁中上方，鼻头位置不可以打高光，从而转移对鼻头的注意力。鼻头两侧的阴影呈倒三角状，给人朝下的视觉感，忽略过于朝上的鼻头。（图1-153）

图1-148 塌鼻梁的修正方法（梦琪 绘）

图1-149 鼻子较短的修正方法（梦琪 绘）

图1-150 鹰钩鼻的修正方法（梦琪 绘）

图1-151 宽鼻的修正方法（梦琪 绘）

图1-152 鼻梁不正的修正方法（梦琪 绘）

图1-153 朝天鼻的修正方法（梦琪 绘）

第二章
化妆造型服务

章节前导
Chapter preamble

运用化妆品和化妆工具，采取一定的步骤和技巧，对人的面部、五官及其他部位进行渲染、描画、整理，增强立体印象，调整形色，掩饰缺陷，表现神采，从而达到美容的目的。化妆能表现出人们独有的天然丽质，焕发风韵，增添魅力。成功的化妆能唤起人们心理和生理上的潜在活力，增强自信心，使人精神焕发。

学习目标

素养目标：
1. 具备一定的审美与艺术素养；
2. 具备良好的职业道德；
3. 具备敏锐的观察力与快速应变能力。

知识目标：
1. 掌握化妆造型方案设计方法和要点；
2. 了解各类化妆造型发展的历史背景；
3. 掌握各类化妆造型的主要类型及代表性妆容特征；
4. 掌握化妆与光、色彩之间的联系。

技能目标：
学会日常商务型化妆造型技巧。

第一节 职业化妆造型

职业妆的简单化妆步骤是从上到下化妆，以皮肤为开端再从眉毛、眼睛、鼻子、嘴唇逐步进行。一个漂亮大方的职业妆可以提升自己的气质，让自己在职场中更加自信，更有魅力。职业妆以清淡为主，职业女性在上班期间不适合以浓妆示人，因此化妆一定要掌握好妆容的浓淡度，配合自己的衣着，使服装与妆容保持一样的风格。

一、男士职业化妆造型

男士化妆，粉底要透薄，基本以匀称肤色为目的，不讲求变白，也不要太黏腻，散粉最好省去，否则会显得修饰性太强，很女气。

（一）耐心做好基础护理

肌肤的基础护理步骤与女性一般相同，从清洁皮肤，到爽肤水，再涂上精华素、乳液或面霜。（图2-1）

图2-1 护理步骤（梦琪 绘）

（二）洁净的胡须是关键

男士的胡须很重要，要保持彻底清洁，剃除是最简单保险的办法，当然也有时髦者有蓄须的习惯。蓄须除了留出适合自己脸形的胡须造型之外，还需要始终保持清洁干爽。（图2-2）

（三）需要控油隔离

隔离霜是彩妆的第一步，男士肌肤同样需要，但基于男性肌肤油脂腺分泌通常都比较旺盛，所以控油功效的隔离霜是首选，也为妆容增加持久度。（图2-3）

（四）匀称的本色肌底

粉底要透薄，基本以匀称肤色为目的，不讲求变白，也不要太黏腻，无须散粉。其实，如果本身肤色均匀，肤质尚可的话，可以省略上粉底的步骤，既避免了油性皮肤带来的脱妆尴尬，还更显自然。（图2-4）

图2-2 剃须 　　图2-3 隔离霜 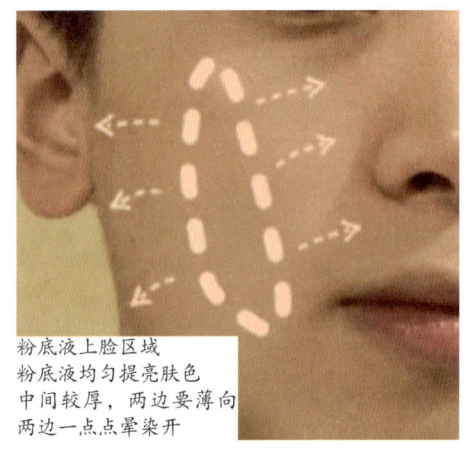　　图2-4 上粉底液

粉底液上脸区域
粉底液均匀提亮肤色
中间较厚，两边要薄向两边一点点晕染开

（五）遮盖黑眼圈

遮瑕很有必要，男士的遮瑕主要针对眼周的黑眼圈问题，而斑点、小瑕疵不必太纠结。男士的妆面永远不讲求无瑕感，但是因为天生皮脂腺分泌旺盛导致的大毛孔问题可以稍作修饰。（图2-5）

（六）适当使用光影粉

在鼻梁、双颊外侧扫上光影或阴影，可以加深轮廓，以及在视觉上起到瘦脸功效，在男士化妆时可以视场合而定。如果需要面对镜头，可以适当使用，加深脸部轮廓。（图2-6）

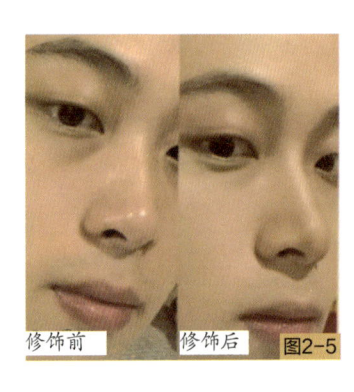

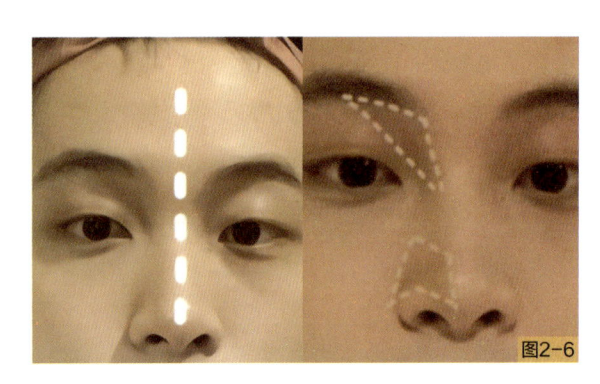

图2-5 修饰前后对比

图2-6 鼻梁补光影和阴影位置

修饰前　　修饰后

（七）顺势加深眉色

眉毛需要着重修饰，但不一定要夸张，男士的眉毛大多比较浓密，所以画眉时多采用补的手法。在清理多余的杂毛后用眉笔加深眉色即可。不建议使用纯黑色的眉笔，会显得过于生硬，炭灰色最自然。修眉时尽量不要修改原有的眉形，只要用笔顺着原有的形状加深即可。（图2-7）

（八）眼线修饰

眼线方面由睫毛疏密而定，本身睫毛浓密的人不用做过多的修饰，睫毛较疏的也只要一条细细的眼线就足够，尽量贴近睫毛根部，眼线不要画得太满，最好眼头及眼尾都留出一些不画，这样会更有"有妆似无妆"的自然效果。（图2-8）

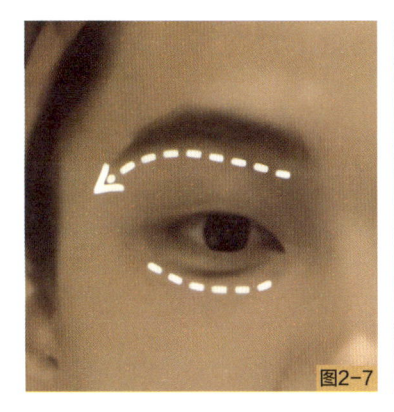

图2-7 眉毛修饰

图2-8 眼线修饰

二、女士职业化妆造型

职业女性的整体造型应以大方、优雅、简约为主。

（一）职业化妆步骤

1. 底妆

长期待在空调房里，照明也是冷调的光源，因此，底妆要选择有保湿效果的粉底，色彩也要选择适合冷光的暖色调。健康肤色和小麦色是较好体现生机的粉底色，偏白的象牙色、贵族白最好作为提亮色配合使用。记住你的妆容体现的是职业态度而不是时尚效果。（图2-9）

2. 眼妆

眼线可以使眼睛看起来更加明亮有神，还可以强调妆容的职业感。用黑色眼线笔从眼头开始描画至眼尾，稍微拉长清晰的眼线来突显东方情调和清爽干练的职业感。以最容易展现色泽感的珠光银色眼影为重点，用中号眼影刷刷在上下眼睑处，框住整个眼睛。（图2-10）

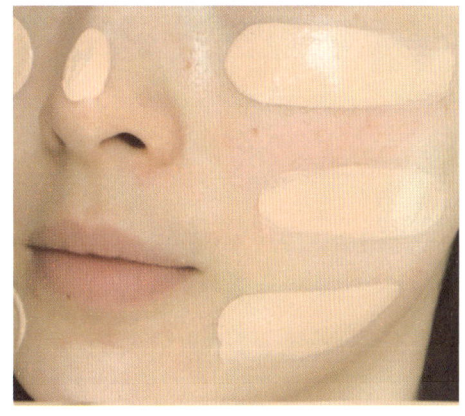

图2-9 上底妆

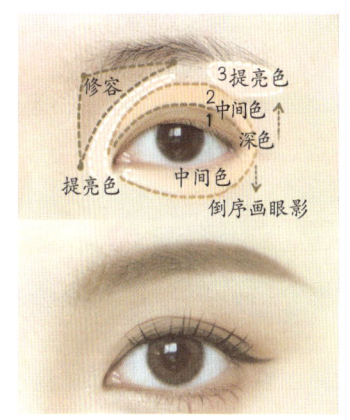

图2-10 上眼妆

3. 上睫毛膏

黑色的睫毛膏涂在一根根睫毛上，上下都要刷到，精致上扬的睫毛能让眼睛在视觉上放大，明亮有神。（图2-11）

4. 颊妆

文员职业妆的腮红不可强过唇彩，重点在于利用柔和的色彩使整个妆容更加亮丽，缓和办公室的紧张气氛。（图2-12）

5. 唇妆

有透明感的唇彩，可以不用勾勒唇线，选择接近或比自己唇色略深的色泽，轻而薄地涂于唇上。（图2-13）

图2-11 上睫毛膏

图2-12 上颊妆

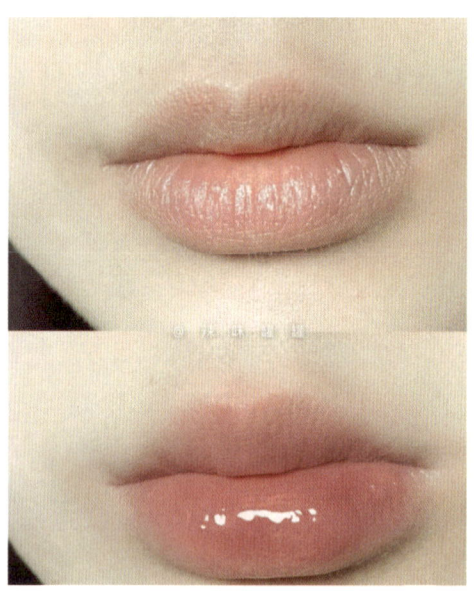

图2-13 上唇妆

第二节 生活化妆造型

日常妆也称生活妆、淡妆，是对面容的轻微修饰与润色，一般用于日光和柔和的灯光下，常见于人们的日常生活和工作中，如出外郊游时的休闲妆，办公室中的工作妆，求职面试时的职业妆……这是应用范围较为广泛的一种妆型。

日常妆妆色清淡、典雅、协调自然，化妆手法要求精致，不留痕迹，妆型效果自然生动。（图2-14至图2-16）

人在现实社会中扮演的角色是多元化的，在不同的场合和环境下，表现出来的形象也不同。因此，化妆师要把握"T、P、O"（即Time、Place、Occasion）的原则来塑造人物与环境的和谐。

图2-14 日常妆1（朱建忠 摄）　　图2-15 日常妆2（朱建忠 摄）　　图2-16 日常妆3（朱建忠 摄）

一、日常生活女性化妆造型

日常生活妆也叫裸妆。首先要做好妆前保养，先使用化妆水为脸部去角质，也可以使用保湿精华提升滋润度，即是给皮肤做一个基础的补水。油性肌肤尤其需要注意T区，必须涂抹上具有控油功效的妆前品。（图2-17）

打好底妆就是让肌肤看上去自然而完美，完美粉底可以增添自然亮泽感。可以将保湿品混合粉底使用，提升肌肤保湿度。由内向外推粉底，兼顾面部的每一处，然后采用按压的方式给整个脸颊定妆。（图2-18）

图2-17 基础补水（朱建忠 摄）　　图2-18 脸颊定妆（朱建忠 摄）

遮瑕在整个妆容中起到重要的作用，颜色过白会令妆容看起来不够自然。用专业化妆刷蘸取适量遮瑕品刷在需要遮盖的部位，也可以通过力度最小的无名指在眼部和肌肤周围轻柔点拍，降低对肌肤的损伤。

必须使用自然颜色的腮红，在笑肌处轻轻向外刷，具有提亮功效的腮红能够突显面部的轮廓，不过刷得过多反而没有了裸妆的自然感。（图2-19）

别忽略了眉毛，眉毛可以令你看上去精神更加充沛。裸妆的眉毛不用过于刻意，要想打造自然眉形，

图2-19 腮红晕染（朱建忠 摄）

不妨使用接触面积大的眉笔或者眉粉，而拉长眉梢的线条则应使用尖头眉笔。（图2-20）

裸妆的要点还有那根根分明的睫毛，过于浓密会没有了原本的自然感。（图2-21）如果想描绘眼线，可以在睫毛根部使用极细的眼线笔点描，打造出似有似无的感觉。

修容既可以让妆效瞬间立体，同时还可以明显修饰出小脸。必须从发髻开始，由外往内，否则头皮和面部皮肤之间极易残留一条痕迹，对比明显。

裸妆不代表裸唇，不要觉得裸妆就必须涂颜色非常淡的唇膏，其实我们可以使用大地色系的保湿唇膏，然后再加上具有亮泽效果的唇蜜，打造出水润双唇。（图2-22、图2-23）

图2-20　裸妆眉毛（朱建忠　摄）

图2-21　裸妆睫毛（朱建忠　摄）

图2-22　裸妆唇妆（朱建忠　摄）

图2-23　裸妆完成（朱建忠　摄）

二、日常商务女性化妆造型

洁面，彻底清洁脸部。以洗净脸上的污物，清洁皮肤为目的。上化妆水，以洁肤、润肤、紧肤和调理肌肤为目的。擦润肤霜，既滋润皮肤，又能隔离有色化妆品。（图2-24）

上粉底，粉底上后应显得皮肤自然而有光泽，使化好的妆看起来细腻而有质感。干燥的皮肤宜选择液体粉底，特别干燥且皮肤黯淡的可选择霜状粉底。中性或油性皮肤宜用特制粉底。上粉底时，要注意脸上的T区，即额头至鼻间的区域。这一部位通常油脂分泌多，容易脱妆，所以粉底要特别注意拍按均匀。眼睑部分宜用眼霜涂抹，既保护眼部皮肤，又可防止化妆脱落。（图2-25）

扑定妆粉，用以定妆，防止化妆脱落，并可抑制过度的油光。用大而松的粉扑蘸粉拍在脸上，多余的粉用干净的粉刷扫去。香粉要根据自身的肤色进行选择，白皙的皮肤可选择浅色粉饼；皮肤黝黑的可选小麦色粉饼。（图2-26至图2-28）

上腮红，腮红可使脸部显得健康而有血色，脸形不够理想的也可以用腮红来调整。使用腮红时，应用粉刷蘸适合的腮红沿颧骨向鬓边轻刷成狭长的一条。（图2-29）

图2-24 清洁皮肤　　图2-25 拍按粉底　　图2-26 粉饼、眼影

图2-27 扑定妆粉　　图2-28 扫去多余的妆粉　　图2-29 上腮红

眼部化妆，包括画眼线和涂眼影两部分。在日常化妆中，可只画眼线，略去涂眼影这一步。

眼线可使眼睛看上去大而有神，眼线的基本画法是：沿眼睛轮廓上眼线全画实，下眼线则从下眼睑离眼头三分之一处画至眼尾，不要把上下眼线全画黑。

根据场合的需要，可以在眼部涂上眼影，营造深邃动人的感觉。东方女性同西方女性相比，眼窝浅且大多眼袋浮肿，因此不能照搬西方女性喜爱的蓝色、红色眼影。较适合的有珊瑚色、朱红色、橘色、灰色等。用眼影棒或粉刷蘸适量的眼影，轻轻沿45度方向涂在上眼皮上并向眼尾处抹匀，还可在眼头或眼尾处加以强调，以达到不同的效果。（图2-30）

画完眼线或眼影，可抹上睫毛膏，使睫毛显得长密，眼睛明亮有神。（图

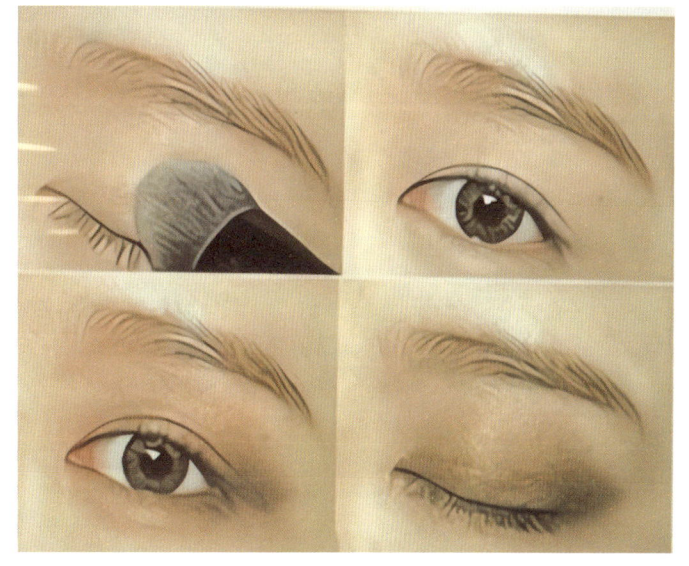

图2-30 眼妆1

2-31）

描眉，能够使眉毛适合选择的妆容，从而衬托整个脸部，提升个人气质，带点弧度的眉形更显气质。（图2-32）

图2-31　眼妆2

图2-32　描眉

描唇，用唇线笔先描出唇形，若唇形不满意，就要先用唇线笔画出理想的形状，再涂口红加以修正。为使涂上的口红不易脱落，可先涂一层口红，然后用纸巾按去浮色，再涂一层无色唇釉，就不会发生口红印在餐具上的难堪局面了。（图2-33）

喷涂香水，美化身体的整体"大环境"。（图2-34）

修正补妆，检查化妆的效果，进行必要的调整、补充和修饰。（图2-35）

图2-33　描唇

图2-34　喷香水

图2-35　检查妆容

第三节　时尚化妆造型

时尚妆也可称为新潮化妆，是走在时代前端的、弘扬个性特征的化妆，其主要目的依然是强调美。时尚妆不是独立存在的，它需要借助发型、服饰的搭配，是一个综合性的艺术集合体。（图2-36）

时尚妆多用于展示表演，通过时尚妆造型来展示创作意图，表现人物独特的个性美，如时装表演、广告或杂志上的人物造型等。时尚妆也可用于日常生活，如休闲聚

图2-36　时尚妆1（朱建忠　摄）

会、化装舞会等场所，可根据化妆对象的特点、爱好及化妆师本人对时尚的感悟进行大胆的化妆造型。

时尚妆具有强烈的时代感、较强的随意性，强调前卫、流行，没有统一的模式，可以任意发挥，但不能脱离美的范畴。着重表现人物个性特点与魅力，同时也反映出化妆师的创作能力。（图2-37）

时尚妆在造型上不在于描画多少，而在于恰到好处地展现一个人的个性，在用色上不在于颜色的鲜艳与否，而在于巧妙地反映出化妆师的艺术构思。（1）把握时尚流行元素，独具创意。（2）妆型设计必须符合化妆对象的个性特征，抓住其神韵。（3）妆面洁净，描面技巧娴熟、细致、到位。（4）化妆、发型与服饰搭配协调，能突出创作的主题。（图2-38）

图2-37 时尚妆2（朱建忠 摄）

图2-38 时尚妆3（容造型中心提供）

一、个性化妆造型

个性的朋克化妆使女性的硬度和柔软度完美融合。

夸张的眼部化妆是朋克创作的灵魂。认为自己不懂化妆的女性可以专注于眼部化妆，即令眼线和眼影、睫毛巧妙融合，展现魅力烟熏妆。（图2-39）

高饱满感的蜂蜜色肌肤和个性化的"巧克力妆"每年都非常流行。上下眼睑金属般的棕色色调营造出强烈的摇滚氛围。用黑色眼线笔勾画眼睛的轮廓。在眼窝处涂上深色眼影，让眼睛看起来更大更亮。（图2-40）

可用液体亮片涂抹在眼中的位置

眼窝处涂抹深色眼影

图2-39 眼妆1（朱建忠 摄）

图2-40 眼妆2（朱建忠 摄）

夸张的假睫毛像猫眼睛一样迷人。整个妆容是干净整洁的，没有太多的色彩，低调的朋克化妆不像浓妆艳抹的妆容过于成熟艳丽，只是稍张扬、凸显个性。（图2-41）

非主流妆容由朋克妆来表现。色彩过于丰富明亮会偏离其风格，不能接受黑色调朋克妆的，可以试试自然褐色系。棕色眼影使眼妆过渡自然，搭配橙色腮红还能给人淡淡的朋克成熟女人的感觉。

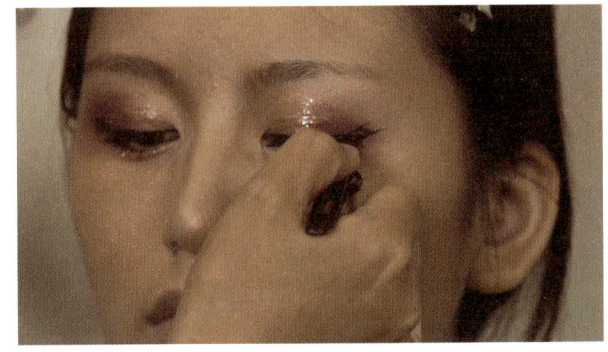

眼头、眼尾也涂抹眼影

图2-41 眼妆3（朱建忠 摄）

画唇妆时，口红千万不要选择珠光的大红色，亚光色调的黑色可以大胆尝试。（图2-42）

匹配摇滚服装也是拥有完美朋克外观的关键。（图2-43）

图2-42 唇妆（朱建忠 摄）

图2-43 摇滚装扮（朱建忠 摄）

二、前卫化妆造型

直线感，给人感觉个性鲜明、观念超前、标新立异、古灵精怪（动态）、洒脱不羁、科技感、尖锐。

特征：脸部线条清晰明朗，五官量感中等或偏小，小骨架，骨感身材。

适合发型：直线感，当年流行的前卫发型、漂染。

适合妆容：强调对比，突出眼妆、时尚个性妆面（雀斑妆、晒伤妆）。（图2-44、图2-45）

适合服饰：时尚、新颖、个性的服装，反传统、色彩鲜明（明

图2-44 奶凶猫咪妆造型（容造型中心提供）

图2-45 美式白开水妆造型（容造型中心提供）

度高）的短上衣、迷你裙、紧身裤、机车风皮革，闪光、荧光、格子、不对称、不规则、抽象类图形面料领子、袖口、扣子细节，流苏、铆钉。

回避：拒绝土气、过时、平凡，任何时候都走在时尚前沿。

第四节 宴会及演出化妆造型

宴会妆根据应用的目的及适用环境的不同，分为实用性晚宴妆和演示性晚宴妆两种类型。（图2-46至图2-48）实用性晚宴妆的界定范围比演示性晚宴妆的范围要广泛，它应用于日常生活中晚会、宴会等比较隆重的场合。演示性晚宴妆多用于参赛或技术交流，有别于生活中的晚宴妆，而且要求在实用的基础上尽展艺术效果，通过塑造的形象表达化妆师的艺术构思和审美意识，反映化妆师的技术功底和艺术底蕴。（1）妆色要艳而不俗，丰富而不繁杂。（2）可适当调整面部凹凸结构及五官轮廓，但不能因矫正而失真。（3）根据环境的不同，准确选用造型方法。（4）妆面洁净，化妆细致，整体协调。

图2-46 宴会妆1（朱建忠 摄）　　图2-47 宴会妆2（朱建忠 摄）　　图2-48 宴会妆3

一、商务晚宴化妆

这种晚宴妆的整体用色淡雅，不宜过于浓艳，浓艳的妆色无法体现女性的端庄与高雅。

首先，使用质地细腻且遮盖力较强的粉底霜在面部均匀涂抹，利用粉底霜深浅不同的颜色强调面部的立体结构，并突出细腻光滑的肤质。由于正式的晚宴女性通常穿着晚礼服，所以裸露在礼服外的皮肤都需要涂抹粉底霜，使整体肤色一致。涂均匀后使用蜜粉定妆，并扫去多余的粉，使肤色自然。

其次，五官的描画，妆面上不要出现过多的颜色，颜色多了会显得妆容凌乱且有失高雅。眼部化妆的眼影用色要简单，强调眼神的端庄、含蓄，颜色过渡既要柔和，又要表现出眼部的立体结构。眼线则要纤细整齐，不宜夸张。为了增加高雅华贵的女性魅力，可以粘贴假睫毛。假睫毛要提前修整好，使其长度适中，过长的假睫毛会使妆面效果失真。在粘贴时要贴紧睫毛根部，使真、假睫毛融为一体。眉毛形状略高挑且有流畅的弧度，眉色自然，不宜过黑。腮红颜色要柔和，涂抹面积不宜过大，与肤色自然衔接即可。

唇形要求勾勒整齐，轮廓清晰，唇膏色与整体妆色要协调。为了适应晚宴的环境及社交的礼仪，涂唇膏后用纸吸去多余的油分，然后施一层薄粉，再涂一遍唇膏。这样既可保持牢固持久，还可减少唇膏印在餐具上的可能性，影响形象。妆容与着装相得益彰的高雅与和谐是女性在晚宴中非常重要的社交形象。（图2-49至图2-55）。

图2-49 妆前护理（朱建忠 摄）

图2-50 遮瑕修容（朱建忠 摄）

图2-51 定妆画眉（朱建忠 摄）

眼妆

1. 大范围打底辅色营造氛围感，眼尾微微往上眉梢方向晕染。2. 混合图中打勾的两种颜色，加深晕染眼皮褶皱处。3. 加深眼尾处。4. 用黑色眼线液笔，画较粗的上眼线，将睫毛根部填实。5. 用棕色眼线胶笔，加深内眼角，画下眼线。6. 用小刷子蘸眼影晕染上、下眼线。

图2-52 眼妆

图2-53
眼妆（朱建忠 摄）

图2-54
唇妆（朱建忠 摄）

图2-55
整体完成造型效果（朱建忠 摄）

二、娱乐性晚会化妆

女士爱美自古有之，相应的娱乐妆容也越来越多。

娱乐性晚会化妆用色可以夸张，面部描画的线条也可以适度夸张，以充分展现个性魅力。

粉底霜要求涂抹得均匀而且牢固，洁净的底色会使妆面效果显得洁净，就如同在白色的纸上绘画一样。在使用色彩时，冷色与暖色都可以使用，但要求所用的色彩与服饰及妆型的风格协调一致。眼部化妆夸张，眼线延长并适当加粗，紫色、绿色、蓝色都可以作为眼线的颜色，并可配以同色的假睫毛使眼妆独具魅力。

另外，金色、银色等闪光颜色用在妆面上会符合宴会热烈活跃的气氛，并极具个性与创意。嘴唇可进行多色搭配，唇上也可以点缀亮色，与眼妆相呼应。发型与服饰都可以夸张，使整体的造型富有创意色彩并表现女性的个性魅力。（图2-56）

图2-56 娱乐晚会妆

三、休闲晚会化妆

休闲场合的晚会气氛与正式晚会不同，气氛热烈、自由，相应的妆容也比较随性自由，创意十足的造型也常见，在这类场合中，个性和创造性的表现更重要。

休闲场合的晚会妆容可以夸张，比如浓烈的用色、面部线条的描绘，都可以成为展现个性和创造性的手段。这时候对底妆的要求比较高，要求均匀不易脱妆，干净的底妆会让妆容呈现在画布上作画的效果，突出妆容的美丽。关于妆容的颜色，冷色或暖色都可以，看个人风格来选择，但是颜色最好和服装的风格协调、呼应。

眼部妆容可以使用和谐或者强烈碰撞的颜色，眼线使用金色、银色、蓝色、红色等颜色的效果都很好，睫毛可以与眼线同色，眼影亮片的使用也可以为你的个性妆容增色。嘴唇的口红颜色也要选择与妆容相搭配的，点缀一些亮片与眼妆相呼应也是极好的。（图2-57）

要注意的一点是，休闲场合的晚会妆容虽强调个性与自由，但不是化装舞会，适当的个性符合场合，过度的夸张就会让人尴尬了。

图2-57　休闲晚会妆

第三章
造型设计

章节前导
Chapter preamble

造型设计是塑造个人形象的艺术，而在造型设计的过程中，工具和色彩是至关重要的元素。选择合适的工具和运用恰当的色彩，可以帮助实现理想的造型效果，展现出个人的独特魅力和风格。

工具的重要性

工具选择的关键性：在造型设计中，不同的工具有不同的用途，能呈现不同的效果，选择合适的工具是呈现最佳效果的关键。

提高效率和精准度：合适的工具能够提高造型设计的效率和精准度，帮助设计师更好地实现自己的创意和想法。

保障舒适度和安全性：使用正确的工具不仅能够确保造型过程中的舒适度，还能够保障设计师和客户的安全。

色彩的重要性

色彩的表现力：色彩是造型设计中较具有表现力的元素之一，不同的色彩可以传递不同的情绪和氛围，影响观者的感受和体验。

塑造形象和氛围：巧妙运用色彩可以改变物体的形状、轮廓和比例，塑造出不同的形象和氛围，为设计师带来更多的创作可能性。

与品牌形象相符：选择适合品牌形象和市场定位的色彩，可以增强品牌的辨识度和吸引力，提升产品的竞争力和市场份额。

学习目标

素养目标：

1. 具备一定的审美能力与艺术素养；
2. 具备一定的语言表达能力；
3. 具备一定的沟通能力和良好职业道德。

知识目标：

1. 了解美发工具和用具的种类、性能及用途；
2. 了解工具的安全操作流程；
3. 能分析顾客的着装习惯和实际需求；
4. 能分析宴会场合对色彩的需求。

技能目标：

1. 能鉴别顾客的发质类型，知道发型设计与头部结构特征的关系；
2. 能够运用综合知识进行各类化妆造型的方案设计；
3. 能独立完成人物化妆造型方案设计过程。

第一节 发型造型

在追求标新立异的年代，发型设计是一门艺术。发型设计不只讲求精细的手艺，更崇尚特立独行，走在时尚最前沿，乃至成为众人跟风的对象。可以说，创新的发型设计理念比精细的手艺更为宝贵。（图3-1、图3-2）

图3-1
双马尾发型

图3-2
飞机头发型

好的发型设计需要用到什么工具呢？

提到美发工具，大家是不是首先想到的就是剪刀、理发器、吹风机呢？其实美发工具种类非常多，而每个大类里面又细分了很多小类，如梳子有按摩梳、猪鬃梳、扁平梳、造型梳、塑料梳等；卷棒又分为电卷梳、自动卷发器、螺旋电卷棒等。

一、梳子

1. 按摩梳

按摩梳的齿端胖胖圆圆的，主要的功能是按摩头皮，促进头皮的血液循环，对头发生长很有好处。（图3-3）

2. 猪鬃梳

猪鬃梳密度最高，梳针下还有气垫，虽没有按摩头皮的功效，但可以梳落头发上的灰尘，梳直发也特别好用。猪鬃梳比较软，适合小孩子（或怕痛的人）使用。（图3-4）

3. 扁平梳

扁平梳梳面只是线而非整个面，它可以整理贴平的头发，非常适合直发使用，方便出门前将秀发梳顺。（图3-5）

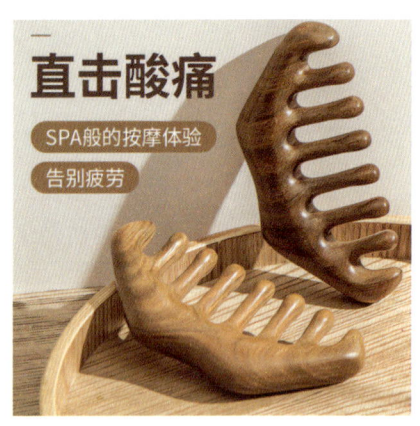

图3-3 按摩梳

图3-4 猪鬃梳

图3-5 扁平梳

4. 造型梳

造型梳是用来搭配吹风机做造型用的梳子，也被称为专业梳。外形常见滚筒形，方便吹整发型。（图3-6）

5. 塑料梳

这种梳子很常见，容易产生静电，使发丝打结，但尖头的塑料梳可以起到给头发分缝的作用。（图3-7）

6. 气垫梳

气垫梳拥有高弹性柔软气囊，可任意梳头，梳齿不易变形。梳发时不容易拉扯头发，梳齿的圆头能按摩头皮。（图3-8）

图3-6 造型梳 　　　　　　　　　图3-7 塑料梳 　　　　　　　　　图3-8 气垫梳

二、吹风机

1. 负离子型吹风机

工作时产生带负电的离子微粒，中和头发中常有的正电荷，从而抚平乱发，使其贴服顺滑，还可以消除静电。（图3-9）

2. 纳米水离子吹风机

纳米水离子体积很小，可以轻松地深入纤维的内部，给头发提供保湿、锁水等功效，适合干枯的发质。（图3-10）

3. 超静音型吹风机

这种吹风机的重量通常较轻，但是风力并不小，适合不喜欢吹头发有太大噪声的人群使用。（图3-11）

4. 扩散型风嘴吹风机

这种吹风机风嘴是向外扩张的形状，适合刚造好型的卷发，能让头发更长时间地保持丰盈、富有弹性、饱满的质感。（图3-12）

图3-9 负离子型吹风机 　　图3-10 纳米水离子吹风机 　　图3-11 超静音型吹风机 　　图3-12 扩散型风嘴吹风机

三、电卷棒

1. 电卷梳

卷发的同时还具备梳顺发丝的作用，使卷发更富有光泽感。（图3-13）

2. 自动卷发器

自动卷发器是一种用来把头发烫卷的手持式电子产品，它的主要组成部分是一个手柄和一个发热卷筒。（图3-14）

3. 螺旋电卷棒

能够更准确地烫卷头发，使波浪更加整齐、有规律。直筒型电卷棒和一般卷发棒一样，不同直径的电棒可以卷出不同大小的波浪卷。（图3-15）

4. 三棒卷发棒

适合蛋卷头的打造，可以大面积地进行卷发，适合长头发。（图3-16）

图3-13　电卷梳

图3-14　自动卷发器　　　图3-15　螺旋电卷棒　　　图3-16　三棒卷发棒

四、美发剪

1. 电推剪

理发效率快速，能理出一个帅气的平头，多用于男性理发当中。（图3-17）

2. 平剪

一般用于短头发。平剪剪头发后，线条会比较整齐，此时可以用牙剪帮助修饰。（图3-18）

3. 牙剪

主要用于去除多余的发量，导顺毛流，打造头发内部空间感。牙剪根据齿量大小和齿形等分为很多种类。（图3-19）

4. 滑剪

可以作为去除发量的工具使用，也可以用于纹理走向的处理，是现代发型师必备的剪刀之一。（图3-20）

第三章 造型设计

图3-17 电推剪 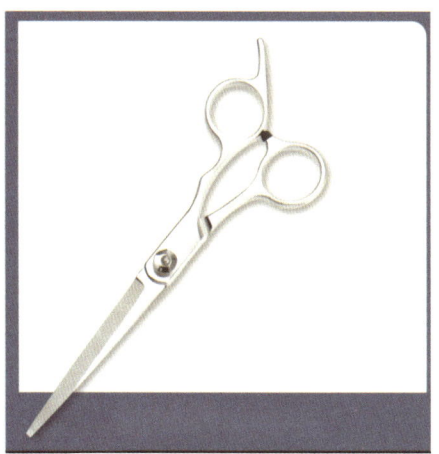　　图3-18 平剪 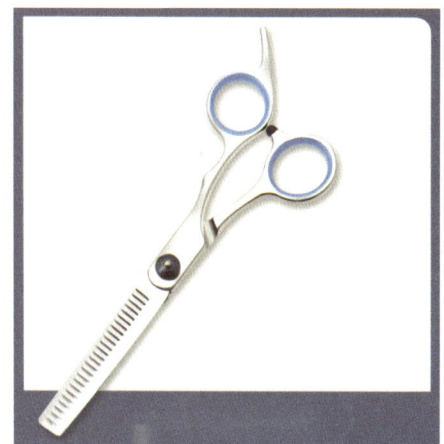　　图3-19 牙剪

图3-20 滑剪 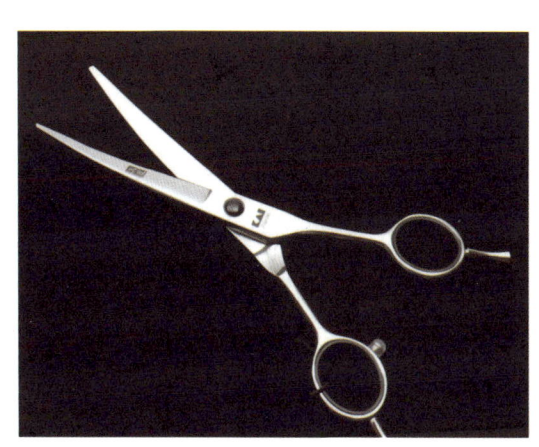　　图3-21 翘剪

5. 翘剪

常用于打造空气感、流向、束感、打薄等，也是现代发型师必备的剪刀之一。（图3-21）

五、烫染工具

1. 染发碗

用于盛装染发剂，有些染发碗带有一个可放置染发刷的支座，或有一个橡胶底座，防止染发碗滑落；有些还带有刻度，可用于准确混合。（图3-22）

2. 染发梳

一端是尼龙刷及牙梳，用来涂染发剂；另一端是尖尾状，可用来划分头发。染发梳有多种形状和大小，选择哪种染发梳要根据染发区域的大小以及想要的效果而定。（图3-23）

图3-22 染发碗 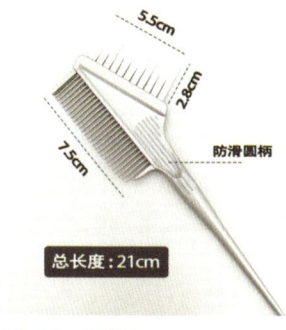　　图3-23 染发梳

3. 塑料涂液瓶

盛装染发剂，瓶嘴呈锥形，可用来划分头发并涂抹（分配）染发剂；瓶身有刻度，可作计量用。（图3-24）

4. 量具

有计量刻度的工具，测量单位包括盎司、毫升或厘米等，用于测量染发配方比例。（图3-25）

5. 锡纸/染发纸

染发时，将交织发束或发片与不予处理的头发隔离开，也可防止染发剂互相渗透交错。（图3-26）

图3-24　塑料涂液瓶

图3-25　量具

图3-26　锡纸/染发纸

6. 棉条

围在发线周围，防止产品滴落到眼睛里，还能避免产品渗透到别处，皮试时使用。（图3-27）

7. 其他用品

顾客保护围布、护颈条、毛巾、保护手套等。（图3-28）

图3-27 棉条　　　　　　　　　　　　　　　图3-28 其他用品

六、理发、美容用具消毒卫生操作规程

（一）设施及药物准备

紫外线消毒柜或臭氧消毒柜：用于理发用刀、剪、梳子等的消毒。

蒸汽消毒柜或含氯消毒制剂：用于毛巾、面巾等的消毒。

医用戊二醛消毒药：用搪瓷或不锈钢灭菌缸浸泡消毒痤疮针、眉夹等美容工具。

（二）操作程序

消毒顺序：消毒前洗净—消毒—保洁。

（三）消毒方法

理发工具消毒：将理发工具放入紫外线消毒柜或臭氧消毒柜内消毒，消毒时间为20分钟，剪刀应打开平放，双面消毒。

毛巾消毒：用蒸汽消毒柜热力消毒，80℃蒸10分钟以上；或用100～500mg/L含氯制剂浸泡15分钟以上；或使用一次性消毒毛巾。

痤疮针、眉夹等美容工具消毒：用2%戊二醛在搪瓷或不锈钢灭菌缸内浸泡30分钟，2%戊二醛每14天更换一次。

美容用盆消毒：用100～500mg/L含氯消毒液浸泡5分钟，消毒或使用一次性卫生塑料袋。

美容师手部消毒：洗净后用酒精擦拭或用100～500mg/L含氯消毒液浸泡2分钟。

（四）保洁

采用高温消毒：消毒后的工具应干爽清洁，可直接放入保洁柜内。

采用药物消毒：消毒后的工具应放置10～15分钟后才放入保洁柜内。

消毒柜兼作保洁柜：工具消毒后可直接留置柜中，但该柜的容量应不小于日常最高用量的两倍。凡新置入的工具应消毒后使用。

（五）注意事项

所使用的清洁液和消毒液必须是已取得卫生许可批准文号的合格产品，并在批准的有效期内。使用单位应保存上述批件的复印件备查。

用紫外线消毒柜消毒的理发用具必须双面消毒。

各类理发工具的总数量应不少于设计最大用量的3倍。

第二节　服饰色彩搭配

一、三原色、三间色、复色的基本原理

1. 三原色

即红色、黄色、蓝色三种基本颜色。自然界中的色彩种类繁多，变化丰富，但这三种颜色却是最基本的原色，原色是其他颜色调配不出来的。把原色相互混合，却可以调出很多颜色。（图3-29）

2. 三间色

红色与黄色调配出橙色，黄色与蓝色调配出绿色，红色与蓝色调配出紫色。橙色、绿色、紫色三种颜色又叫"三间色"。在调配时，由于原色在分量多少上有所不同，所以能产生丰富的间色变化。（图3-30）

3. 复色

由两个间色或一个原色与相对应的间色调配出的色彩，也叫三次色，因含有三原色，纯度低，复色种类繁多，千变万化。（图3-31）

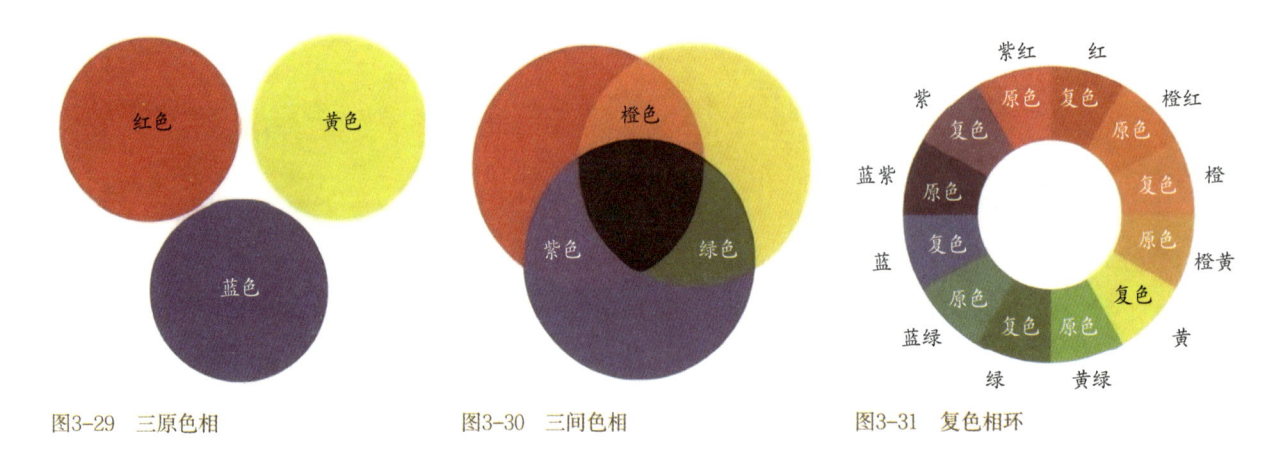

图3-29　三原色相　　　　图3-30　三间色相　　　　图3-31　复色相环

4. 对比色对比

这种配色关系处在色相环的120度左右，是较强的色相对比。其各自色相感鲜明，色彩显得饱满、丰富而厚实，容易达到强烈兴奋、明快的视觉效果（运用在走秀中，如时装表演）。（图3-32）

5. 互补色对比

这种配色关系处在色相环180度的位置，橙色与蓝色、黄色与紫色、红色与绿色是互补色。互补色是对比色中最强的，也称强对比色。互补色对比关系极易产生富有刺激性的视觉效果，色彩饱满、活跃、生动、华丽，也能体现出粗糙、活跃、喜悦的风格，是中国民间传统的用色方法。（图3-33）

6. 冷暖色对比

冷暖色对比是将色彩的色性倾向进行比较的色彩对比。（图3-34）

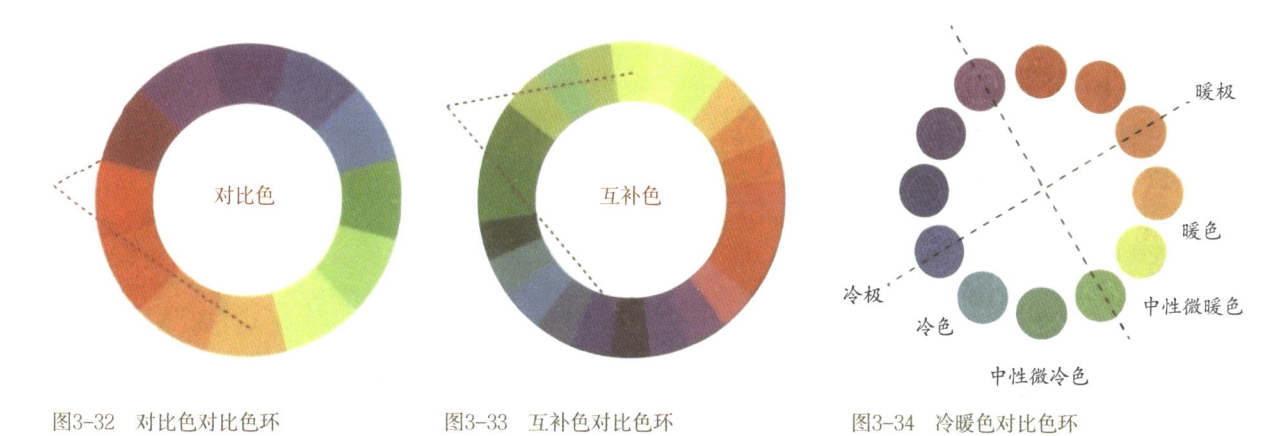

图3-32 对比色对比色环　　图3-33 互补色对比色环　　图3-34 冷暖色对比色环

二、服装色彩搭配分类

服装色彩搭配分为两大类，一类是对比色搭配，另一类则是协调色搭配。

1. 对比色搭配

（1）强烈色搭配

两个相隔较远的颜色相配，如黄色与紫色、红色与青绿色，这种配色比较强烈。

日常生活中，我们常常看到的是黑、白、灰与其他颜色的搭配。黑、白、灰为无色系，所以，无论它们与哪种颜色搭配，都不会出现大的问题。一般来说，同一个色如果与白色搭配，会显得明亮；与黑色搭配时就会显得昏暗。因此在服饰色彩搭配时应先确定是为了突出哪个部分的衣饰。另外，不要把沉重的色彩，如深褐色、深紫色与黑色搭配，它们会和黑色呈现"抢色"的后果，令整套服装没有重点，而且服装的整体表现也会显得沉重、昏暗无色。

黑色与黄色是最亮眼的搭配，红色和黑色的搭配，非常之隆重，又不失韵味。（图3-35）

图3-35 色环

（2）补色搭配

指两个相对颜色的搭配，如红色与绿色、青色与橙色、黑色与白色等，补色搭配能形成鲜明的对比，有时会收到较好的效果，黑色与白色的搭配是永远的经典。（图3-36）

2. 协调色搭配

同色系搭配原则指深浅、明暗不同的两种同一类色系搭配，如青色与天蓝色、墨绿色与浅绿色、咖色与米色、深红色与浅红色等，同色系搭配的服装显得柔和文雅。（图3-37）

邻近色搭配指两个比较接近的颜色搭配，如：红色与橙色、红色与紫红色，黄色与草绿色或橙黄色

图3-36 色相环

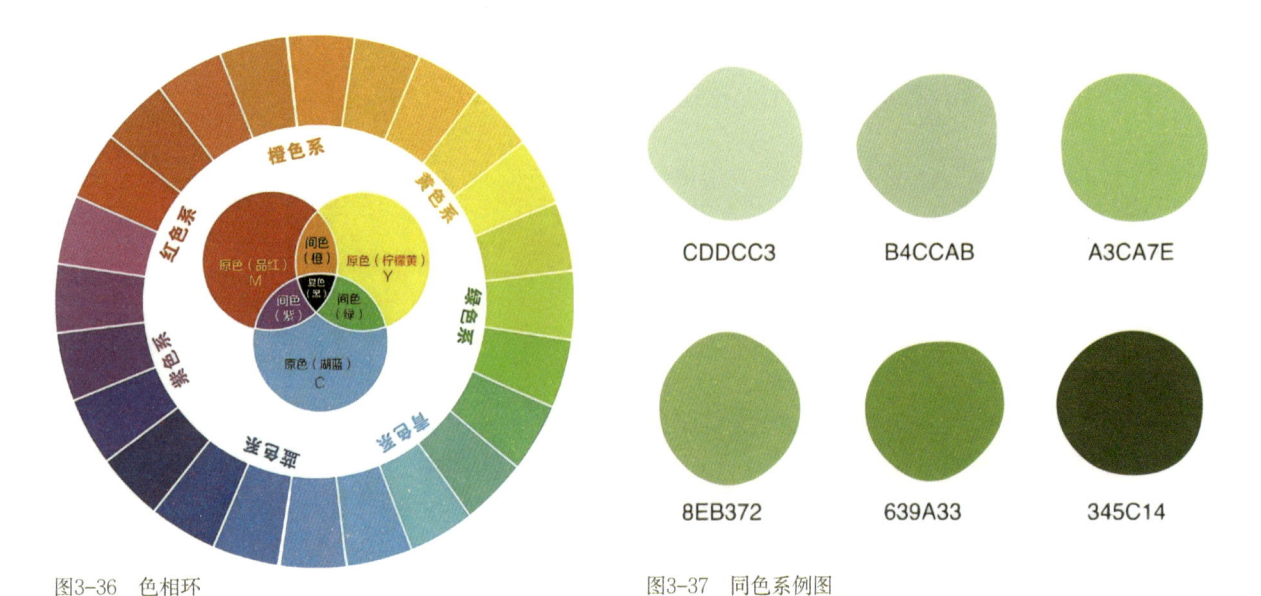

图3-37 同色系例图

等。绿色与嫩黄色的搭配，给人一种春天的感觉，整体感觉非常素雅，淑女味道不经意间流露出来。但绿色并不是每个人都能穿得好看的。（图3-38）

3. 职业女装的色彩搭配

职业女性穿着职业女装活动的场所是办公室，低纯度色彩可使工作其中的人专心致志，平心静气地处理各种问题，营造沉静的气氛。在如办公室等有限的空间里，人们总希望获得更多的私人空间，穿着低纯度色彩服装会增加人与人之间的距离，减少拥挤感。纯度低的色彩更容易与其他颜色相互协调，使人与人之间增加和谐亲切之感，从而有助于形成协同合作的格局。另外，可以利用低纯度色彩易于搭配的特点，将有限的衣物搭配出丰富的组合。同时，低纯度给人以谦逊、宽容、成熟感，借用这种色彩语言，职业女性更易受到他人的重视和信赖。

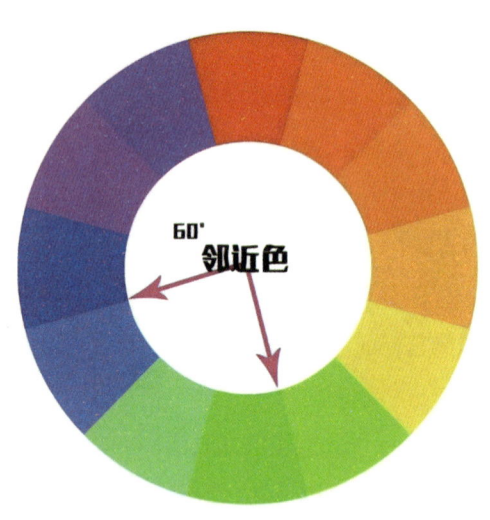

图3-38 邻近色环

三、服装色彩搭配技巧

搭配技巧一：掌握主色、辅助色和点缀色的用法。

主色是占据全身色彩面积最大的颜色，占全身面积的60%以上，通常是作为套装、风衣、大衣、裤子、裙子等。辅助色是与主色搭配的颜色，占全身面积的40%左右，它们通常是单件的上衣、外套、衬衫、背心等。点缀色一般只占全身面积的5%～15%，它们通常是丝巾、鞋、包、饰品等，会起到画龙点睛的作用。衣服并不一定要多，也不必花样百出，最好选用简洁大方的款式，给配饰留下展示的空间，这样才能体现出着装者的搭配技巧和品位爱好。（图3-39）

搭配技巧二：自然色系搭配法。

暖色系：除了黄色、橙色、橘红色以外，所有以黄色为底色的颜色都是暖色系。暖色系一般给人成熟、朝气蓬勃的印象，而适合与暖色基调搭配的无彩色，除了白色、黑色，最好使用驼色、棕色、咖色。冷色系：以蓝色为底色的七彩色都是冷色。与冷色基调搭配的无彩色，最好选用黑色、灰色，避免与驼色、咖色搭配。（图3-40）

图3-39　主色系搭配　　　　图3-40　自然色系搭配

搭配技巧三：有层次地运用色彩的渐变搭配。

只选用一种颜色，利用不同的明暗搭配，能给人和谐、有层次的韵律感。此外，不同颜色、相同色调的搭配，同样给人和谐的美感。（图3-41）

搭配技巧四：主要色配色，轻松化解搭配的困扰。

单色的服装搭配起来并不难，只要找到能与之搭配的和谐色彩就可以了，但有花纹的衣服，往往是着装的难点。不过你只要掌握以下几点也就很容易搭配了。

首先，无彩色，黑、白、灰是永恒的搭配色，无论多复杂的色彩组合，它们都能融入其中。

图3-41　层次色彩渐变搭配

其次，选择搭配的单品时，在已有的色彩组合中，选择其中任一颜色作为与之相搭配的服装色，给人整体和谐的印象。

最后，同样一件花色单品，与其搭配的单品选择花色单品中的不同色彩组合的搭配，不但协调、美观，还可以有一个好心情。（图3-42）

搭配技巧五：运用小件配饰品装点，打破沉闷的局面。

小饰品的点缀效果可不容小觑，可起到画龙点睛的效果。（图3-43）

搭配技巧六：上呼下应的色彩搭配。

这种方法也叫"三明治搭配法"或"汉堡搭配法"。

总之，当你不知道该如何搭配的时候，还有以下两个原则可以用一下。

其一，全身色彩以不超过三种颜色为宜。当你并不十分了解适合自己的风格时，不超过三种颜色的穿着，绝对不会让你出错。一般整体颜色越少，越能体现优雅的气质，并给人利落、清晰的印象。

其二，了解色彩搭配的面积比例。全身服饰色彩的搭配应避免1:1，尤其是穿着对比色，一般以3:2或5:3为宜。（图3-44）

图3-42　同色搭配 　　　　　　　　图3-43　饰品点缀 　　　　　　　　图3-44　色彩搭配避免1:1比例

四、服饰色彩配置应注意的问题

服饰色彩配置是很有学问的，没有不美的色彩，只有不美的搭配，可供选择的服饰色彩实在是太多了。服饰的色彩又因人而异，因时间而异，因环境而异，因心绪而异。服饰色彩配置就是适应这些因素的变化，形成最佳的色彩组合，而实现服饰色彩最佳配置的关键就是和谐。服饰色彩的和谐要注意以下四个方面的问题：

一是服装的色彩必须与着装者的发型、肤色相和谐。（图3-45）

二是服装的色彩要与着装者的体型、年龄、职业等相和谐。（图3-46）

图3-45　服装与发型 　　　　　　　　图3-46　服装与职业

三是服装的色彩要与着装者的性格、气质、精神面貌相和谐。（图3-47）

四是服装色彩要与季节、环境、场合相和谐。这种和谐不是一种表面形式的和谐，而是一种"神和"。它不仅是服装自身多种颜色的整体和谐，更是服装与人的和谐、服装与环境的和谐，因而是一种深层次的完美和谐。（图3-48）

图3-47　服装与气质

图3-48　服装与场合

五、服饰色彩配置的技巧

服饰色彩配置是一个复杂的美学问题，要运用鲜明丰富、绚丽多姿的色彩，形成完美的和谐统一就要讲究服饰配色的技巧。现代服装设计的主流是雅致、自然、简练、朴实。用色要避免繁杂、凌乱，做到少用色，巧用色。男性服装不宜有过多的颜色变化，以不超过三色为好。女子常用多花型面料，但色彩也不要过于堆砌。色彩过多，会显得太浮艳、俗气，美学价值不高。在两种以上的色彩相配时，必须有一种是主色，并以它作为基础色，再配一两种或几种次要色，使整个服饰的色彩主次分明，相得益彰。常用的服饰配色方法有以下几种。

同色系搭配： 就是用同一色相，但明度、纯度有所不同的色彩搭配，这样的服装色彩给人以统一、协调的感觉。（图3-49）

图3-49　同色系搭配

呼应色搭配： 就是服装的色彩上下呼应或内外呼应，如上穿黑底红花纹上衣，下着黑色的裤子，红色的上衣，配上黑色的鞋子和皮包。（图3-50）

补色法： 补色之间是相互对抗的，如红色和绿色、黄色与紫色搭配在一起会显得过于醒目、刺激。补色之间搭配，要注意点缀和过渡，如在红衣绿裙之间增加一条白色的腰带，就可以使两种颜色取得协调；或是红色与绿色加入白色，成为减红或减绿，就不会那么刺眼了。补色之间搭配要注意面积与分量的取舍，可在大面积的一种色彩上，点缀一点其他的颜色，这样就会既鲜明又不刺眼，形成强烈的对比美。（图3-51）

点缀配色法： 即大面积地使用一种色彩，另外选一种色调做小面积点缀，如穿一身浅驼色的衣服，露出红色的衬衣领，这一点红色使整套服装的色彩活了起来，起到画龙点睛的作用。（图3-52）

图3-50　呼应色搭配　　　图3-51　补色法　　　图3-52　点缀配色法

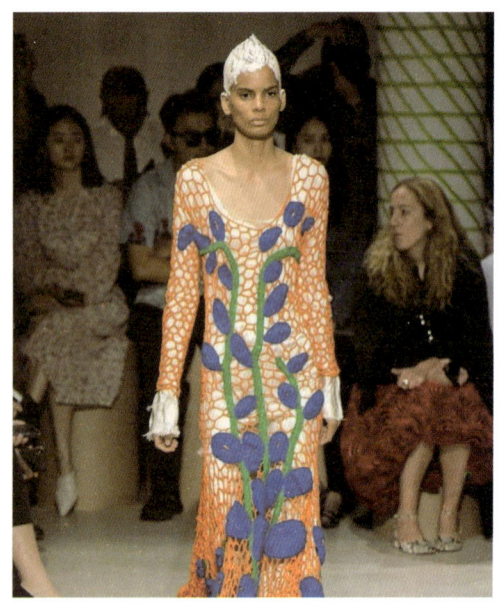

六、色调

淡色调： 明度很高的一种淡雅颜色，组成柔和、优雅的淡色调，这种颜色含有大量的白色或荧光色，多用于生活妆和新娘妆。

浅色调： 明度比淡色调要低，色相和鲜艳度比淡色调略高（清晰），浅色调妆淡雅亲切、温柔。适合职业妆、新娘白色婚纱的妆容。

亮色调： 明度比浅色调略低，因其含白色少，鲜艳度更高，接近纯色。代表色：白色、天蓝色、柠黄色、粉红色、鲜红色，给人亮丽活泼、鲜明、纯净等感觉。适合时尚妆、新娘妆及礼服造型妆。

鲜色调： 明度和亮色调相接近，但其色彩不含黑色，饱和度最强，视觉效果浓艳、华丽、强烈。适合晚宴妆、综艺晚会妆、模特妆、创意妆。

深色调： 明度色彩还是较为浓艳，略带含黑色成分的色调。代表色：土黄色、深红色、深紫色、深蓝色，此妆给人较浓之感。适合T台、晚会、综艺。

中间色调： 由中等明度、中等色度的色彩组成，色彩显得温和、沉着。代表色：土黄色、宝蓝色。

适合晚会、礼服、结婚晚礼、职业妆。

暗色调：明度及鲜艳度很低，接近黑色，给人沉着、稳重之感。适合晚宴、模特妆。

（一）紫色的搭配技巧

紫色因其高贵感而被称为王公贵族的颜色。大约从公元前1000年开始，人们就从贝壳中提取染料用于染紫色，但是2000个紫贝壳才能提取到1克染料。不仅原料提取艰难，染色技术方面也存在问题，紫色很难制成，故成为一种难以求得的颜色。无论是东方或西方，紫色一直都被认为是高贵的象征，颇受推崇。淡紫色使女性的形象优雅温柔，而深紫色则让人显得华丽性感。

（二）紫色眼影搭配参考（图3-53）

紫色：让人联想到紫禁城、紫气东来，紫色高贵、优雅，深紫色神秘而有压力，淡紫色柔和。

黄色为主　紫色为辅　　玫红为主　紫色为辅　　红色为主　紫色为辅

蓝色为主　紫色为辅　　绿色为主　紫色为辅　　深紫为主　深紫为辅

图3-53　紫色眼影搭配图（梦琪　绘）

（三）橙色的搭配技巧

橙色不如红色那么热烈，是传达活泼、健康感觉的开放性颜色。它使人联想到胡萝卜、橘子、柿子等食物，给予家人般亲切的感觉。因其色彩缓和醒目，故常被用于食品广告中。橙色稍暗点就接近茶色，是土地的颜色，令人感到安慰与放松。

（四）橙色眼影搭配参考（图3-54）

橙色：让人联想到金色的秋天、丰收的玉米、橘子、晚霞。橙色欢乐、辉煌，浅橙色令人感到温暖、明快。

（五）蓝色的搭配技巧

蓝色是使人心绪稳定的颜色。一方面，它使人联想到寂静的大海、湛蓝的天空以及变幻莫测、无边无际的宇宙。明丽的蓝色又象征着理想、自立和希望。另一方面，暗蓝色让人感觉冷峻，蕴涵着一种忧郁感。但同时它又代表诚实、忠诚等，是大多数人钟爱的颜色。

（六）蓝色眼影搭配参考（图3-55）

蓝色：无论深蓝色还是淡蓝色，都会使我们联想到无垠的宇宙、无边的大海或流动的大气。深蓝色

黄色为主　橙色为辅　　　　　绿色为主　橙色为辅　　　　　橙色为主　青绿搭配

橙色为主　粉紫搭配　　　　　橙色为主　蓝色为辅　　　　　橙色为主　咖色为辅

图3-54　橙色眼影搭配图（梦琪　绘）

蓝色为主　黄色为辅　　　　　蓝色为主　紫色为辅　　　　　蓝色为主　绿色为辅

咖色为主　蓝色为辅　　　　　蓝色为主　浅橙为辅　　　　　蓝色为主　紫色为辅

图3-55　蓝色眼影搭配图（梦琪　绘）

厚重、冷漠，浅蓝色透明、祥和。

（七）白色的搭配技巧

白色具有明亮、纯粹、洁净、坦诚之意。寂静、洁白的雪景以及纯白色的婚纱都给人一种一尘不染的感觉。因此在必须树立洁净形象的医院等地方多使用白色。此外，由于它容易与其他颜色相配，是较受女性青睐的颜色之一。

（八）白色眼影搭配参考（图3-56）

白色：让人联想到雪花，朴素、圣洁。

（九）灰色的搭配技巧

灰色是白到黑之间的中间色，从浅灰到暗灰有若干种灰色，它给人宁静、高雅的印象，同时还给人以朴素、孤寂的感觉。若想成功地使用灰色，配色时就需要注意它的使用面积。

（十）灰色眼影搭配参考（图3-57）

灰色：让人联想到雾霾、灰尘、乌云、阴天，给人的感觉是灰心、悲伤、难过、绝望、朴素。

蓝色为主　白色点缀　　　　蓝绿为主　白色点缀　　　　棕色为主　白色点缀

玫红为主　白色点缀　　　　黄绿为主　白色点缀　　　　紫色为主　白色点缀

图3-56　白色眼影搭配图（梦琪　绘）

黄色为主　灰色为辅　　　　玫红为主　灰色为辅　　　　绿色为主　灰色为辅

蓝色为主　灰色为辅　　　　粉紫为主　灰色为辅　　　　紫色为主　灰色为辅

图3-57　灰色眼影搭配图（梦琪　绘）

077

第四章
新娘化妆造型设计

章节前导
Chapter preamble

新娘化妆是婚礼中至关重要的一环,它不仅仅是为了在婚礼现场光彩照人,更是为了在婚纱照中留下永恒的记忆。在这一重要的时刻,新娘的容颜不仅要与礼服相得益彰,更要展现出她独特的魅力和个性。

个性化定制:每位新娘都有自己独特的气质和风格,化妆设计应该根据新娘的个人特点进行定制,突出她最美的一面。

融合时尚趋势:了解当下的时尚趋势对于设计一款既符合潮流又适合新娘本人气质的新娘妆容至关重要,但同时也要考虑到新娘的喜好和舒适度。

考虑婚礼场景:妆容设计要与婚礼的场景和主题相协调,不同的场合可能需要不同的妆容风格,比如室内典雅婚礼和户外田园婚礼。

学习目标

素养目标：

1. 具备一定的审美与艺术素养；
2. 具备一定的语言表达能力；
3. 具备一定的沟通能力。

知识目标：

1. 了解化妆造型方案、设计方法的要点；
2. 了解各类化妆造型发展的历史背景；
3. 了解各类化妆造型主要类型及代表性妆容特征；
4. 了解化妆与光、色彩之间的联系。

技能目标：

1. 能够运用综合知识进行各类化妆造型的方案设计；
2. 能够构思设计贴合新娘的肤色、气质、场合、主题的实际需要造型；
3. 能通过化妆造型方案设计准确表达出需求。

第一节　西式新娘化妆造型

新娘妆是一种近距离的妆型，着重于自然和柔美，妆色的浓淡介于浓妆和淡妆之间。为了突出喜庆的气氛，妆色可以走暖色调或偏暖的色调，充分体现新娘的健康美、自然美、端庄美。（图4-1）另外，新娘的头部常用鲜花进行点缀。

新娘是婚礼的主角，要用细腻精致的妆容来体现新娘的温柔美丽。

用收敛性化妆水。（图4-2）夏季，要选择可以控油的护肤品，防止肌肤出现油光，减少彩妆脱妆的可能性。

图4-1　新娘脸妆

图4-2　使用化妆水（朱建忠　摄）

（一）皮肤的修饰

皮肤的白皙与透明可以突出新娘的纯洁之美。妆前底霜可使皮肤显出整体的透明感，反射出光泽来。带点珠光效果的底霜，不仅能提亮皮肤，还可填平毛孔凹凸不平的缺水纹。选择粉红色和象牙色粉底，粉底不宜涂得过厚，与面部相接的所有裸露部位都要涂均匀，用透明蜜粉遮盖粉底的油光。（图4-3至图4-5）。

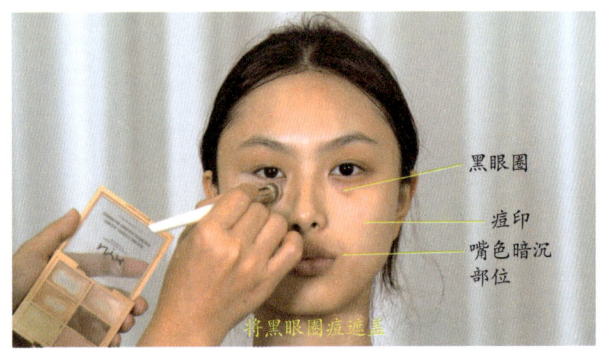

图4-3 遮盖黑眼圈和痘印及嘴角暗沉部位（朱建忠 摄）

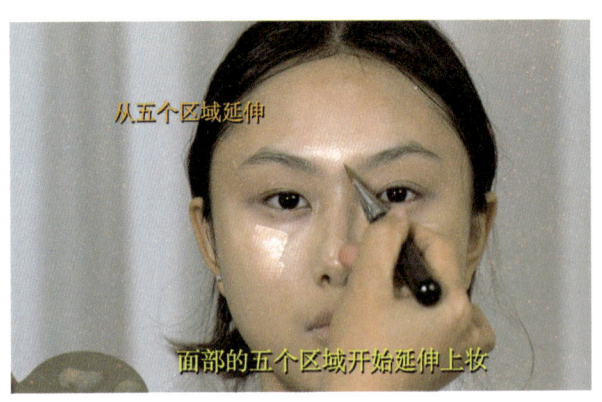

图4-4 开始上妆（朱建忠 摄）

图4-5 轻拍、轻扫定妆粉（朱建忠 摄）

（二）眼的修饰（图4-6）

色彩清新的眼影修饰眼部，分层次来晕染，突出双眼轮廓，刻画明亮、柔美、温和的眼神。

眼影：眼影色与服装色应保持和谐，以简洁为宜。

常用眼影配色组合：珊瑚红色、棕色、粉白色组合，效果：妩媚、喜庆；橙红色、棕色、米白色组合，效果：青春、快乐；桃红色、浅蓝色、粉白色组合，效果：娇美、温柔。

眼线：上眼线弧度适当加长、加粗，显示圆润造型，下眼线从外眼角画向内眼角三分之二的部位

1. 用卧蚕笔提亮卧蚕。2. 用手轻扒眼皮露出睫毛根部。3. 用大刷子过渡眼影。4. 再点画下睫毛。5. 分三段夹睫毛，先夹中间，再夹头、尾。6. 蘸珠光眼影扫眼头位置。

图4-6 眼的修饰（朱建忠 摄）

即可。

睫毛：强调睫毛长而浓密的效果，用自然型假睫毛，保持纯洁、自然的气氛。

（三）鼻的修饰（图4-7）

根据脸形和鼻形的需要自然描画，色彩晕染要协调，用浅棕色或浅褐色修饰鼻两侧阴影，用象牙白色提亮鼻梁。

（四）眉的修饰（图4-8）

保持整洁与清爽。先将眉形修整，若没有修整，则应用剃刀修饰（不用眉钳），避免局部产生刺激现象。蘸灰色或咖色眼影粉涂刷出基本形，再用咖色眉笔或黑色眉笔描画眉形，眉色不宜过于浓艳。

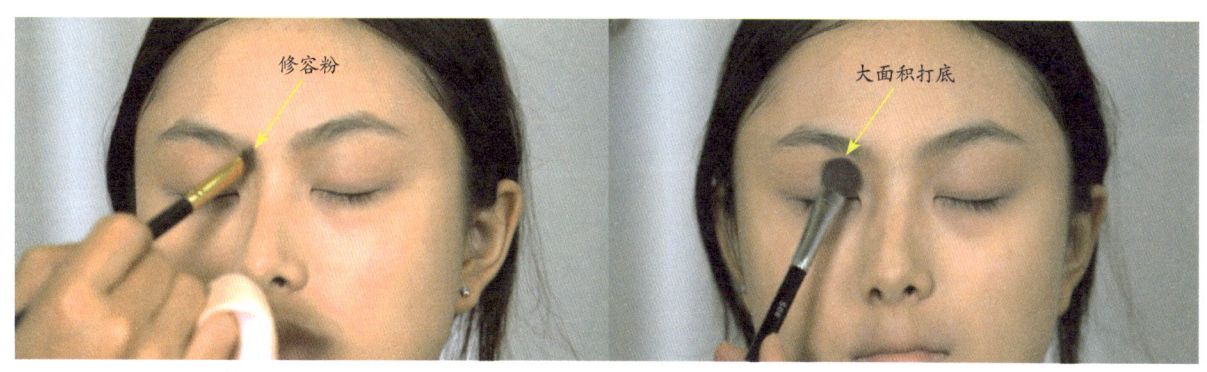

用刷子蘸取修容粉修饰鼻子两侧，然后在眼部大面积打底。

图4-7　鼻的修饰（朱建忠　摄）

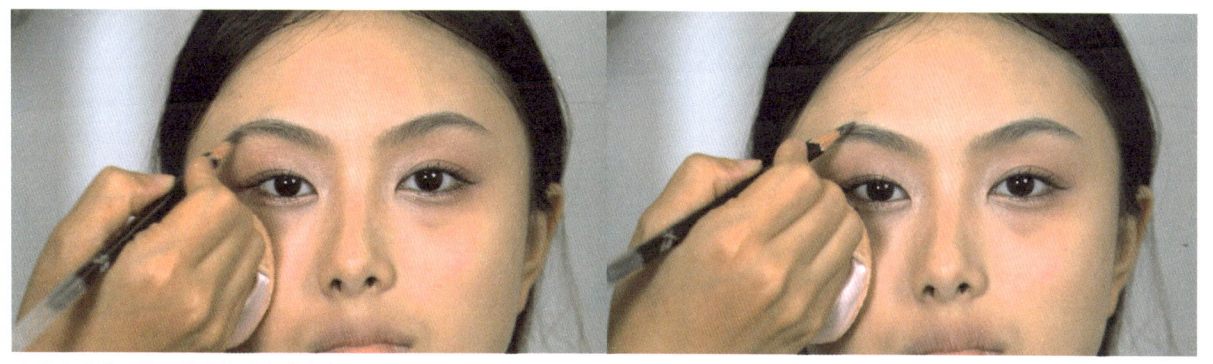

画眉毛时要一笔一笔地按眉毛的走向画。

图4-8　眉的修饰（朱建忠　摄）

（五）脸颊修饰（图4-9）

选择明亮的玫瑰红色、红色、橙红色腮红晕染，色调过渡要柔和、自然，从而呈现出新娘的娇羞甜美。

（六）唇部修饰（图4-10）

先涂滋润性唇膏，然后用唇线笔描绘唇形（造型圆润）。唇膏要选择一种亮丽的色彩，如玫瑰红色、珊瑚红色、朱红色、粉红色或桃红色等。

（七）整体修饰（图4-11）

退后一两步观察妆色是否对称协调，然后整理发型、发饰、服装和喷洒香水等。

在颧骨到苹果肌的地方晕染

图4-9　脸颊修饰（朱建忠　摄）

图4-10　唇部修饰（朱建忠　摄）

图4-11　整体修饰（朱建忠　摄）

第二节　中式新娘化妆造型

富丽的金色为中式新娘妆增添了雍容华贵之感，金耀的色泽与金属感的妆容交相辉映，折射出新娘特有的高贵气质和温婉的韵味。

婚礼上换装换发型的时间有限，从西式妆容换成中式妆容并不需要全脸卸妆，只要用卸妆液卸掉眼影和唇妆就可以，卸妆后用粉饼修整底妆。

中式礼服多用红色，眼妆的色彩选择暖色调最合适。用有珍珠光泽的淡粉色眼影涂满上眼睑，在眼窝处涂杏色眼影，并用贝壳色过渡眼影和眉骨。单眼皮新娘可以选择接近肤色的亚光眼影打底。（图4-12）

中式新娘妆眼影的颜色相对浅淡，可以用黑色眼线和睫毛膏强调眼睛的轮廓，最好用浓密型睫毛膏增加睫毛的浓密程度，让眼睛更有神韵。（图4-13）

配合暖色调的礼服和妆容，腮红可以选择橘色。（图4-14）

唇妆是中式新娘妆的重点，色彩应该更鲜艳，和礼服相呼应。新娘妆重在唯美，夸张个性的大红色唇妆并不适合，涂完唇膏后加涂一层唇彩。（图4-15）

图4-12　中式新娘妆眼影

图4-13　浓密睫毛

图4-14　橘色腮红

图4-15　中式新娘妆的唇妆

一、中式新娘妆的画法

（一）中式新娘妆的画法

正红色是中国人彰显喜庆欢愉的标志色，中式新娘妆在大喜之日自然更要用之，鲜亮的正红色是点亮新娘幸福光芒的重要元素。（图4-16、图4-17）

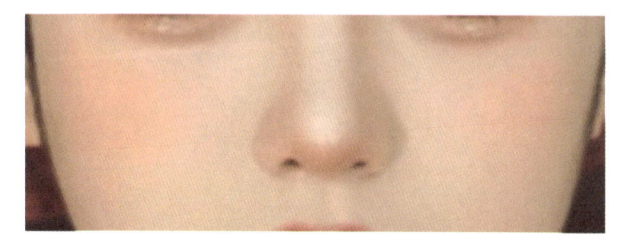

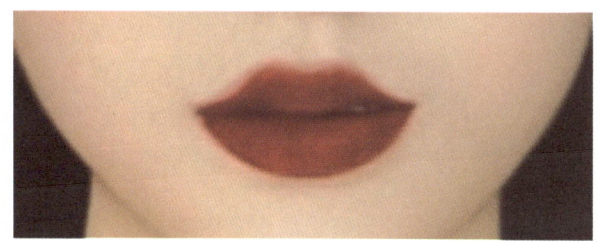

图4-16　中式新娘妆局部参考

图4-17　完整中式新娘妆容

眉毛：整齐对称的眉毛往往会使人神采奕奕。

双眸：为了凸显烈焰红唇的明媚，眼部的妆容可略微减弱，一条简练的黑色眼线加上浓密的睫毛，就能勾画出新娘眼睛的神采。

面颊：带珍珠光泽的淡粉腮红只需轻扫双颊，以便更加柔和地呼应浓郁红唇的耀眼色泽。

嘴唇：这是中式新娘整个彩妆中最值得突出的部位，也是整个中式新娘妆画法中最需要注意的。让正红色点亮新娘的柔情蜜意，再现中式新娘温婉之中又不乏似火激情的幽深内在，因此正红的唇妆须化得丰润饱满，可先用同色系的唇线勾勒出唇形，再涂上丰润的红色唇膏。

（二）中式新娘妆画法的注意事项

深色眼妆新娘慎用。婚礼妆容，特别是中式新娘妆，最好能衬出婚礼的喜庆气氛，无论是眼妆还是唇妆，暖调的色彩是不错的选择。肤色很白或是眼睛容易显肿的人可以选择冷调的眼妆，但比较深的颜色要慎用。（图4-18）

中式新娘妆的画法也是要根据新娘的服装和脸形、气质等来综合考虑的，只要是适合新娘本人的就是好的中式新娘妆画法。

图4-18　中式新娘妆慎用的眼妆

二、常见中式新娘妆

（一）中式新娘妆之雍容金彩

富丽的金色为中式新娘妆增添了雍容华贵之感，金耀的色泽与金属感的妆容交相辉映，折射出新娘特有的高贵气质。（图4-19）

双眸：用迷蒙金棕色来呼应深红的双唇再适合不过了，将金棕的暖意在眼周弥漫，为了加深眼部的立体层次，可以将眼影的刻画范围以眼眶凹陷处为界开始晕染。

面颊：深沉的棕红色腮红也是营造大气雍容新娘韵味的组成部分，从突起的颧骨处向眉骨方向轻轻扫过，既营造出浓郁的整体妆容，又强调出脸部的立体轮廓。

嘴唇：闪着金属色光芒的深红唇色充满了不可阻挡的魅惑色彩，摩登中又带有复古姿态，让新娘拥有低调的奢华感。

图4-19　中式新娘妆之雍容金彩

（二）中式新娘妆之魅惑星耀

中式新娘的妆容也同样可以兼容时尚风潮，星耀般闪烁的钻石贴片为新娘的含蓄中添加了一丝动感

色彩，能够紧紧地吸住众人的眼光。（图4-20）

双眼：双眼是这款造型的打造重点，深黑的眼线配上眼角几星碎钻贴片，给双眼营造富有戏剧性的闪耀感，让新娘的眼睛更添娇媚。

面颊：雪白细腻的肤质在明亮的奶茶色腮红的映衬下更显得晶莹剔透，这正是中式新娘追求的完美肤质。

嘴唇：滋润柔淡的本色唇彩可减淡双唇色泽，让眼睛的妆效更为突出和集中，但即便是化了一个近乎裸妆的唇妆，也不可轻忽双唇特有的柔软水润的质地。

第三节　晚宴新娘造型

图4-20　中式新娘妆之魅惑星耀

（一）整体风格特点

晚宴新娘造型在婚纱摄影中虽然不是首要造型，但是也是不可缺少的一部分，它主要在服装造型和色彩上弥补了白纱造型的单调，更多地增添了新娘高贵、华丽的身姿。一般情况下，晚宴新娘造型的风格完全符合晚宴装雍容华贵、性感浪漫的造型特点。

晚宴新娘造型的妆面效果突出了脸形和五官立体感，眼妆以凸显女人性感、妩媚为主，可以使用烟熏和欧式技法去表现。在化妆妆面的色彩上要艳丽、明亮（酒红色、蓝紫色、金棕色、银灰色等）。（图4-21、图4-22）

（二）发型设计

晚宴新娘发型以高贵典雅为主。在造型技法中常用包发、卷发、假发佩戴的技法，并运用头纱、头饰品来提升发型美感。（图4-23）

图4-21　晚宴新娘造型1　　　　图4-22　晚宴新娘造型2　　　　图4-23　新娘网纱装饰造型

(三)整体造型技术要求

粉底：常用杏色或深杏色，与肤色冷暖色调一致。（图4-24）

眉毛：眉形有立体感，眉色略浓。（图4-25）

眼线：较粗，线条清晰，眼尾轻轻上扬，使眼部更为梦幻。（图4-26、图4-27）

图4-24 上粉底液（朱建忠 摄）

图4-25 画眉毛（朱建忠 摄）

图4-26 画上眼线

图4-27 画下眼线

眼影：可采用烟熏眼和欧式眼的晕染方法，并可采用珠光眼影，突出眼部的光亮质感。（图4-28）

腮红：常用亮粉色、浅玫瑰红，根据脸形可以提高或斜向、横向晕染。（图4-29）

口红：常用酒红色、大红色，配以光亮水润的唇釉。（图4-30）

婚纱款式：可选瘦身窄摆裙、宫廷复古型及大摆燕尾型等。（图4-31、图4-32）

头纱：头纱以薄、轻柔的质地为主，或选择风格独特的蕾丝。（图4-33）

头饰：可根据服装风格选择皇冠、绢花、礼帽、羽毛等。（图4-34、图4-35）

图4-28　眼影对应的用色

图4-29　腮红

图4-30　口红

图4-31　燕尾礼服

图4-32　礼服妆（朱建忠　摄）

图4-33　头纱

图4-34 头饰1

图4-35 头饰2

第五章
宴会化妆造型设计

章节前导
Chapter preamble

宴会妆多用于夜晚，华丽而鲜明，在高雅的正式场合和特定的光线下展现女性的成熟之美。宴会有正式和非正式之分，对造型的要求也不尽相同。非正式宴会的造型应与生活状态贴近，无须过于隆重。带有小礼服性质的裙装、简约的饰品、本色的妆容和盘发就可以满足要求，偶尔在眼妆、饰品中加入一些有设计感的元素，就足以引人注目，展现个人魅力。

正式晚宴妆常用于晚会、商务宴会等在邀请函中要求宾客"正装出席"的场合，造型与生活有一定距离，女性穿着礼服，以隆重的姿态出现，展现与自身身份气质相符的美，其中以奥斯卡颁奖典礼最为典型。

宴会造型妆容端庄、典雅、艳而不俗，注重面部结构的塑造和五官形状的刻画。突出面部立体感、清晰五官轮廓，统一妆容与服饰的关系，使之符合气质和时代审美需要。

眼部、唇部是化妆修饰的重点，能体现妆容的个性和色彩，展现女性光彩照人、雍容华贵之美。宴会化妆仍属于生活化妆范畴，以美化特定对象的本色为主，不能远离对象能接受的修饰程度。

学习目标

素养目标：

1. 具备一定的审美与艺术修养；
2. 具备一定广度、深度的文化知识；
3. 具备良好的职业道德；
4. 具备敏锐的观察力与快速的应变能力。

知识目标：

1. 了解宴会化妆基本色的原理；
2. 了解不同场合宴会的化妆特点；
3. 了解宴会化妆造型饰品佩戴方法；
4. 了解比赛性质及流程；
5. 了解比赛规则及造型要求。

技能目标：

1. 学会按顾客条件制定设计方案；
2. 学会发型与妆面的搭配技巧；
3. 掌握整体形象设计能力；
4. 能够按比赛节奏及时调整方案；
5. 了解大赛技术要求。

第一节　主题 party（宴会）化妆造型

随着人们生活水平的提高，业余生活也丰富了起来，如朋友结婚、生日宴会等场合也逐渐多起来。那么聚会时应该作怎样的化妆造型才合适呢？（图5-1）

在夏日，大家的妆容会更加倾向于清新、甜美的风格。但是夏日的夜晚总是过得缓慢，大家都想靠聚会来打发一点时间，夏天的party聚会有很多，清新的妆容在各式各样的party中显然不是都合适的，红唇复古的妆容，让你玩转漫长的夏日夜晚。（图5-2）

图5-1　party妆容1（朱建忠　摄）

图5-2　party妆容2

一、眉毛

第一步：以眉头开始，由A至B、上下各画一条上扬的弧线，但弧度基本要保持一致。再由B至C、上下各画一条下垂的弧线。这里注意，B—C的弧度更大一些，而下面的B—C位置弧度略扁平。两条线的尾部在C处交汇。接着用眉笔轻轻填补眉间空隙，打造自然上挑的眉毛。（图5-3）

第二步：使用染眉膏，先顺着梳再逆着梳，使眉毛颜色过渡自然，形状更规整。（图5-4）

图5-3 眼妆划分图

二、眼妆

第一步：整个眼皮用晕染刷蘸取亚光浅棕色眼影轻扫，加深眼部轮廓，下眼皮只扫一点。需要贴双眼皮的女性可以在这一步后贴上双眼皮贴。（图5-5）

第二步：黑色眼线胶笔贴着上睫毛内侧画出内眼线，从A点呈上升趋势画至B点，再由B点画至C点，接着用眼线胶笔填充三角区域。

图5-4 染眉膏上色（朱建忠 摄）

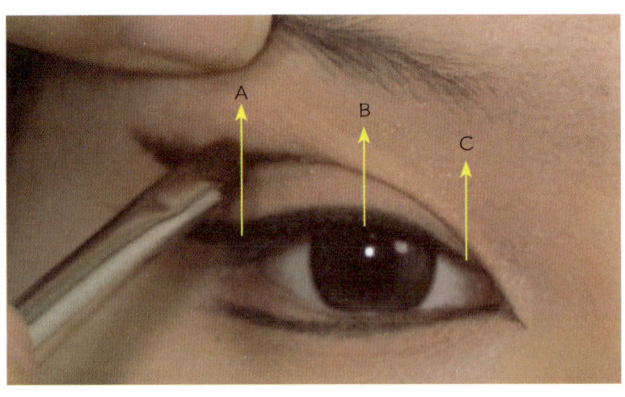

图5-5 眼影晕染

第三步：为了让睫毛更加卷翘，用电热睫毛夹烫睫毛，这样烫出来的睫毛不仅卷翘，卷翘的持久时间也会更长。刷上睫毛时，每次都要从根部刷起，先从下往上刷，再从上向下刷。刷下睫毛时，手法由上至下，竖着刷。

眼妆完成图如图5-6所示。

图5-6 眼妆完成图

三、修容、唇妆

第一步：用刷子蘸取高光粉，先扫在双眼下方，再扫鼻梁处。（图5-7）

第二步：从鬓角起笔修容，扫至颧骨下方和下颌处，从眉头下方的三角区域起笔。

第三步：选择一款亚光复古红色唇膏在唇部打底后，涂抹整个嘴唇即可。（图5-8）

夏日的妆容就是需要日夜转变，上一秒是清新的甜美女孩，下一秒就是镇住全场的女王，夏日party的风格就是各种场合的随意切换。（图5-9）

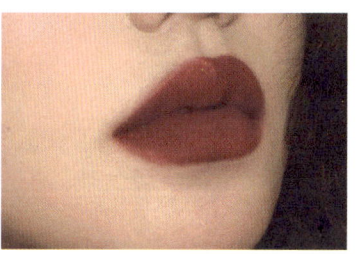

图5-7 修容（朱建忠 摄）　　　　　　　　　　　图5-8 唇妆

图5-9
妆容完成效果
（朱建忠 摄）

第二节　公司年会化妆造型

晚会是隆重的场合，妆容造型要端庄雍容，强调五官形状的塑造，能使人在一定距离之外看清嘉宾的美丽形象。妆容用色与服装相匹配，其中唇部色彩与服装关系尤其密切，是最能"显色"的部分。眼部妆容清晰，明度对比根据嘉宾气质而定。

礼服色彩可以使用高饱和度的光谱色，其中大红色是最艳丽、最喜庆的色彩，常用于大型晚会或颁奖场合。

唇部鲜红，形状鲜明，颊红斜刷，直指唇角，整体妆容没有模棱两可之处，如同脸谱一般，辨识度极高且富有美感。晚会造型风格极具魅力，她们的年龄和阅历与妆容完美结合，展现女性的成熟自信之

美，而这种美感正是晚会主持人和气质成熟的女嘉宾所需要的，妆容的浓度也与晚会的场合需求契合。（图5-10、图5-11）

图5-10　晚会造型1

图5-11　晚会造型2

年会妆容教程

（一）眼妆

第一步：用粉底液给上眼皮打底，为了避免画很浓的眼妆过程中眼影粉掉落太多在脸上弄花底妆，选择先化眼妆后化底妆。先初步完成眉毛和眼妆，后续再上脸部底妆。（图5-12）

第二步：蘸取深棕色的眼影，画出眉毛的下缘线，一定要轻画。（图5-13）

第三步：均匀地把眉毛颜色填满，注意眉头淡一些。用螺旋刷把眉毛从头到尾刷一遍，目的是把颜色刷得更均匀。（图5-14）

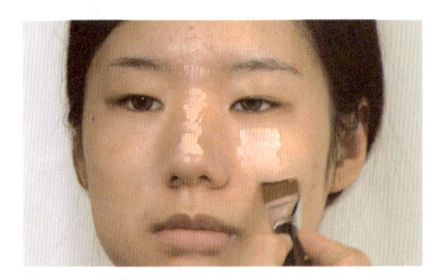

图5-12　给眼睛周围上粉底液（朱建忠　摄）　　图5-13　上眼影（朱建忠　摄）　　图5-14　眉毛填色（朱建忠　摄）

第四步：依次加深眉峰、眉毛的下缘，塑造眉毛的立体感。（图5-15）

第五步：用比肤色稍亮一些的遮瑕膏，在眉峰至眉梢的底部遮瑕，让眉形更清晰干净，同时也提亮眉骨。（图5-16）

第六步：为了使后续眼影达到非常显色的效果，先用眼线笔给画眼影的位置打个底。抹在眼皮上。用另一头的海绵晕开，尽量把颜色晕染均匀。（图5-17）

图5-15 修饰眉毛 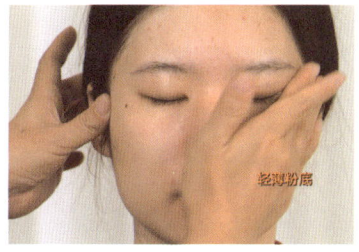　　图5-16 眉毛遮瑕（朱建忠　摄） 　　图5-17 打底（朱建忠　摄）

第七步：把刷子喷湿，再蘸取蓝色眼影，画在上眼皮。画的时候不要左右涂抹，而是用按压和拍的方式来上色，这样能让眼影的显色度达到很好的效果。

第八步：蘸取灰咖色，把之前画的蓝色眼影的边界晕染自然，范围在眼窝的位置就好。

第九步：蘸取亚光的黑色眼影，画在眼尾的后三分之一处，加深眼尾的深邃感，晕染自然即可。（图5-18）

第十步：选择一款黑色眼线液笔，画出一个眼尾拉长略微上扬的眼线，内眼线也不要忘记。（图5-19）

第十一步：下眼睑的后三分之一处画上灰蓝色眼影，眼头用银白色的眼影棒提亮，可以范围大一点，颜色厚重一些。

第十二步：蘸取蓝色的闪片涂在靠眼部的上眼皮上，刷好睫毛，贴好假睫毛即可。（图5-20）

图5-18 晕染效果（朱建忠　摄） 　　图5-19 画眼线（朱建忠　摄） 　　图5-20 粘贴假睫毛（朱建忠　摄）

（二）修容

在脸颊两侧以及鼻侧位置，刷上大面积修容，塑造立体的脸形。（图5-21）

（三）口红

裸色的唇釉涂满嘴唇，适当叠加到一定的浓度即可。（图5-22）

图5-21 大面积修容（朱建忠　摄） 　　图5-22 上唇妆（朱建忠　摄）

097

（四）底妆

把掉落在下眼皮和脸上的眼影粉都处理干净，均匀地上好粉底液，用美妆海绵蛋拍开。

用最浅色的遮瑕膏提亮鼻梁、苹果肌、人中、下巴，海绵拍开之后，整体按压一遍让底妆更服帖，最后用粉饼定妆。（图5-23）

图5-23 年会修容效果（朱建忠 摄）

第三节 创意晚宴妆比赛造型

一、晚宴妆的特点

晚宴妆与日妆不同，晚宴妆造型出席的场合一般是在灯光下，由于灯光比较暗，因此妆容要化得比较浓，宜采用冷色系化妆，使其光彩照人、妩媚动人。晚宴妆重点表现女性的高贵气质，突出女性优雅的身姿、迷人的眼睛和嘴，故妆色要浓重鲜艳、搭配协调，明暗对比要强烈。在晚宴服装选择上应穿着颜色比较亮丽或深色佩带亮片的服饰最佳。（图5-24）

二、晚宴妆修饰内容和步骤

（一）肤色

在给脸部打完底色后，可以用亮色给鼻梁、额头中央和下巴中部的位置提亮，用阴影色涂抹外轮廓、发际线边缘和鼻侧影等。（图5-25）

图5-24 晚宴妆例图

（二）眉眼

眉毛中间画浓一些，眉梢画得稍微延长一些。眼睛的修饰要漂亮得体，重点突出凹凸部位，可用浅色先涂眼睑，眼部凹的部位可以用深色描画，建议选择红色、粉色、蓝色、黑色等，最好选择稍微带些冷色以及珠光的眼影，达到将眼部色泽表现得更加明艳动人的效果。（图5-26）

（三）腮红

可在腮红上涂抹棕色系列蜜粉或选择冷色的玫瑰红色，根据脸形的不同而进行恰当的修饰。（图5-27）

（四）唇部

唇色要选择明艳的大红色或玫瑰红色，也可以用亮丽的唇彩，但唇线一定要描画清晰，要求唇形丰满且具有立体感，从而表现唇部的性感。（图5-28、图5-29）

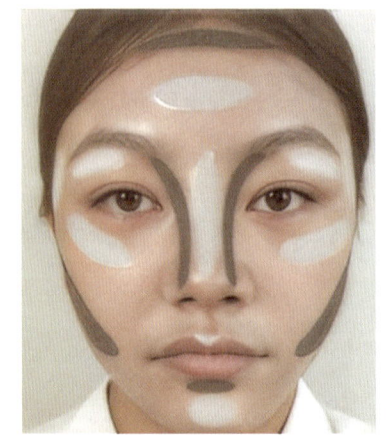

图5-25 肤色修饰

| 选色给眼窝打底 | 给整个眼窝打底 | 眼线先打个草稿 | 遮瑕膏勾出扇形高光 | 卧蚕和眼头 |

| 虚化眼影边界 | 清理眼影 避免显脏 | 加深晕染层次 | 眼线先打个草稿 |

图5-26 眉眼修饰步骤

图5-27 腮红 　　　　　图5-28 试色 　　　　　图5-29 口红

（五）发型和服装

发型和服装需要与妆面相协调，符合自己的气质，掩饰自己的缺陷。发型多以时尚卷发或盘发为主，体现女性成熟的一面；服装以晚礼服为主，色彩亮丽，与发型相协调，体现女性高贵、美丽的一面。晚宴妆造型还要和人的气质、环境、身份、年龄等相协调，从而使整体造型能够凸显女性柔和的美、动态的美、妩媚优雅的美。（图5-30、图5-31）

图5-30 晚宴妆造型1　　　　　　　　　　　　图5-31 晚宴妆造型2

三、晚宴化妆、发型设计造型技能比赛规则

比赛内容：晚宴化妆、发型设计造型。

比赛时间：晚宴化妆、发型设计造型共80分钟。

赛场提供材料：镜子、电插板等。

选手自备工具：真人模特、模特服装、化妆用具、化妆品、发型造型工具及用品、吹风机等。电动工具工作电压必须是（国标）220V。

（一）比赛规定

1. 模特服装自备，款式为吊带裙，颜色为香槟色、酒红色或墨绿色。允许对服装做改动，但不可改变其原有风格，允许添加少许点缀。

2. 模特面部不准有纹饰痕迹；面部粉底在赛场完成，颈部以下粉底允许赛前完成；可提前修好眉形及卷曲睫毛，不允许再有其他修饰的痕迹。

3. 所有的辅助化妆材料、假睫毛、美目贴须在比赛现场粘贴。

4. 适合参加晚宴或晚会场合；发型可以使用一种颜色（不包括底色和过渡色）。发型高度不超过模特面部的三分之二，不可以用假发，允许使用1~2个填充物，头发饰品不得超过发型面积的10%。

5. 赛前在指定的区域50分钟内由选手本人独立完成晚宴发型。

（二）评分

1. 评分标准及分值

根据选手在规定时间内完成的操作，项目满分为100分，化妆技巧占项目总分的70%；整体设计占

30%。

评审项目	分值	评分标准	得分
晚宴化妆技巧	20分	设计意图明确，构思新颖，主题突出，具有个性特征	
	10分	妆面粉底厚薄均匀，粉底颜色自然柔和，质感细腻	
	10分	妆面干净，对称牢固，化妆技巧突出晚宴化妆特点	
	15分	色彩搭配合理，层次过渡衔接自然	
	15分	五官轮廓清晰，比例均匀，妆面设计与造型意图吻合	
整体设计	30分	妆面、色彩、发型、服饰搭配符合模特自身条件和晚宴化妆要求，注重整体效果。整体效果必须体现实用性和生活气息	

2. 违规扣分

选手有下列情形，需从比赛成绩中扣分：

①违反比赛规定，提前进行操作或比赛结束仍继续操作的，由现场评委负责记录并酌情扣1~5分。

②在比赛过程中，违反赛场纪律，由评委现场记录参赛选手违纪情节，依据情节扣1~5分（若发现作弊、夹带现象，选手竞赛成绩以0分计算）。

③损坏赛场提供的设施，污染赛场环境等不符合职业规范的行为，视情节扣5~10分。

④比赛结束前10分钟工作人员会有提示（提前完成作品，应举手示意，但不可以提前离开赛场。未得到模特展示的指令，模特不准做任何表演动作）。

⑤名次排列，按比赛成绩从高到低排列参赛选手的名次。比赛成绩相同，名次并列。

四、时尚创意眼妆合集

创意眼妆一

先用黑色眼线笔画出向上飞扬的眼线，用黄色和蓝色眼影在上下眼睑处画段式眼妆，黑色眼线笔画出下眼睑的眼线，眼尾向下拉长，最后用白色拉线笔画出眼线。（图5-32）

创意眼妆二

先用橘色眼影沿着眼窝线画倒勾，眼影向上晕染。下眼睑用同样的手法画出眼影、眼线。最后在眼尾画出花瓣纹理。（图5-33）

图5-32 创意眼妆一（梦琪 绘）　　　　　图5-33 创意眼妆二（梦琪 绘）

创意眼妆三

先用紫色眼影从后眼尾在眼睛二分之一处开始晕染，眼尾拉长。内眼角用白色晕染。在上眼睑画一根线条，下眼睑也画一条眼线。（图5-34）

创意眼妆四

用黑色眼影在眼窝线画一条倒钩线并晕染开。用绿色眼影在黑色眼影的基础上继续晕染，内眼角窄，后眼尾宽，眼尾向上飞扬。在上下眼睑处用黄色眼影和绿色眼影画段式眼影。高光笔画上白色的圆点或贴上珍珠。（图5-35）

图5-34 创意眼妆三（梦琪 绘）　　　　图5-35 创意眼妆四（梦琪 绘）

创意眼妆五

用黑色眼影在眼窝线画一条半圆弧线，蓝色眼影在内眼角和外眼角处晕染，中间留空白。画上眼线，粘贴假睫毛，在中间留白处撒上闪闪发光的闪粉。（图5-36）

创意眼妆六

用黑色眼影在眼尾三分之一处晕染，并向后拉长上扬，接着沿着眼窝线画大倒钩，眼影要向上继续晕染开，用咖色晕染，消除边界线。将眼睑的另外三分之二全部撒上闪粉，最后再点缀一些黑色、黄色的钻饰。（图5-37）

图5-36 创意眼妆五（梦琪 绘）　　　　图5-37 创意眼妆六（梦琪 绘）

创意眼妆七

首先用紫色眼影从睫毛根部晕染上下眼睑。上下睫毛根部画一条浓粗的眼线，接着用蓝色眼影从内眼角开始，沿着眼窝线画到二分之一处。黄色眼影画后半部分，黑色眼线笔加深底线，最后沿着蓝色底线粘贴钻饰。（图5-38）

创意眼妆八

先用黄色和橘色眼影两段式晕染整个眼睑，接着晕染下眼睑，然后在睫毛根部画全包式眼线，接着眼窝线开始画线条到下眼睑，前细后粗。最后在线条结合处粘贴钻饰。（图5-39）

创意眼妆九

先用黄色眼影在内眼角沿着眼窝线呈三角形晕染，接着紫色眼影在眼窝线下方晕染出飞扬的眼影。下眼睑晕染呈三角形，然后加深黄色眼影的底线，画一条全包式浓粗眼线，最后撒上闪粉。（图5-40）

创意眼妆十（蓝色魅惑）

蓝色眼影提亮，咖色眼影加深眼窝，白色眼影点缀，可作为拉丁舞眼妆。（图5-41）

创意眼妆十一（孔雀仙子）

绿色加蓝色眼影，黄色眼影提亮眼头，白色眼影点缀，可作为孔雀舞眼妆。（图5-42）

创意眼妆十二（梦幻城堡）

以蓝色、黄色及紫色调眼影为主，白色眼影点缀，可作为梦幻T台眼妆。（图5-43）

图5-38 创意眼妆七（梦琪 绘）

图5-39 创意眼妆八（梦琪 绘）

图5-40 创意眼妆九（梦琪 绘）

图5-41 创意眼妆十（蓝色魅惑）（梦琪 绘）

图5-42 创意眼妆十一（孔雀仙子）（梦琪 绘）

图5-43 创意眼妆十二（梦幻城堡）（梦琪 绘）

第六章

舞台化妆造型设计

章节前导
Chapter preamble

舞台化妆造型区别于影视、日常化妆。剧场艺术，是指在特定的场地，由演员表演，观众欣赏，同在一个时空内的一种演出形式。舞台化妆能缩短演员与角色之间的距离，解决外部形象的具体问题，根据剧本设定的人物细节来塑造形象。舞台上栩栩如生的演员表演，离不开重彩夸张的人物造型和面部化妆，化妆师和演员一同为完成创作角色任务的工作而努力。舞台化妆造型受剧本中角色的局限，在舞台上演绎，会被角色的身份笼罩，而不是表现生活中的人物。角色可以美丽，可以丑陋，或者贫寒……这些都要通过人物的化妆造型来体现，这就需要化妆师有较高的艺术修养、渊博的知识和精湛的化妆造型技能才可完成。见下图。

舞台造型1 　　舞台造型2 　　舞台造型3

学习目标

素养目标：

1. 具备一定的沟通能力；
2. 具备良好的职业道德；
3. 具备敏锐的观察力与快速的应变能力；
4. 具备较强的创新思维能力。

知识目标：

1. 了解舞台剧化妆造型要点；
2. 了解舞台剧妆容发展历程与演变；
3. 了解舞台剧化妆造型主要类型及代表性妆容特征；
4. 了解化妆与光、色彩的关系；
5. 了解舞台剧化妆造型操作流程。

技能目标：

1. 学会舞台剧人物化妆造型设计方法；
2. 学会舞台剧化妆造型主要类型及代表性妆容；
3. 学会舞台剧化妆造型操作。

第一节　T台秀场化妆造型

一、T台妆

T台走秀是一种全方位的舞台展示，是美和时尚的风向标。完美的T台妆不仅可以让模特自信、美丽，更容易让所要表现的服装成为整个舞台的焦点。T台妆的特色就是前卫与创新，为大胆的实践和前卫的流行元素做第一次展示普及工作。虽然以夸张而前卫的形式存在，但它要表达的核心以及最终影响的流行趋势，都是以元素的形式传播。

T台妆的粉底比较厚，很在乎持久度，最重要的是突出脸部轮廓的主题层次，强调高光及阴影。有时妆容比较夸张，有时又是很淡的裸妆，要看设计师想要什么样的感觉，毕竟妆容是拿来配衣服的，服装是主，而妆面是辅助的手段。现场T台走秀，由于人在特定场景中显得渺小，因此更注重造型的整体感和大效果。（图6-1）

图6-1　T台妆（朱建忠　摄）

二、T台妆的化妆要点

T台妆技巧和平常彩妆是不同的,所有的颜色及线条均比平常彩妆要重,重点是夸张地凸显五官。由于妆容既有比较夸张的浓妆,又有很淡的裸妆,所以脸部的立体刻画很重要,要在舞台的灯光下,能远距离清楚地看到脸上的轮廓及神采。(图6-2)

底妆:一般偏厚一些,要求均匀,最重要的是轮廓一定要立体,强调脸部的结构,阴影和提亮非常重要。阴影的部分,重点是颧弓下陷的位置和下颌角的位置;提亮的部分,重点是眶上缘的位置和鼻梁的位置以及下颌的位置。(图6-3)

眉毛:看妆型而定,一般裸妆的眉毛讲究自然,而烟熏妆的眉毛基本也是偏自然的多,也有刻意画得生硬和刻意遮盖的。(图6-4)

眼部:标准的眼形是平行四边形,浓妆的眼部要求浓而不脏,明确凹陷和凸出的部位,淡妆要求眼部有神采和轮廓。(图6-5)

腮红:按照阴影的位置加腮红,务求使脸部增加色彩和血气之外还增加立体感,棕红色用得相对较多。

唇部:唇色按照整体色彩而定,基本没有特殊的规定。一般烟熏妆的唇色用大红色、裸色、深玫红,棕红较多,不太适合粉色、橙色。(图6-6)

图6-2 夸张凸显五官(朱建忠 摄)

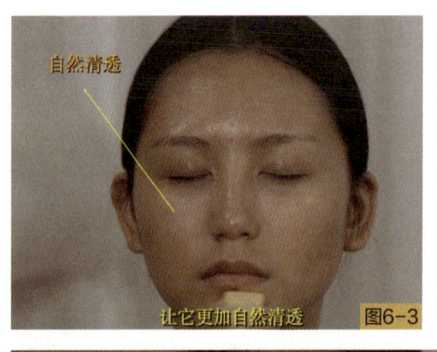

图6-3 底妆(朱建忠 摄)

图6-4 眉毛(朱建忠 摄)

图6-5 眼部(朱建忠 摄)

图6-6 唇部(朱建忠 摄)

第二节　节目主持人化妆造型

主持人妆型要求：能区分色光的冷暖色；能根据不同灯光照射下，各种化妆色彩呈现的不同效果，选择合适的色彩搭配；能根据客户和影视剧要求准确进行服饰色彩组合与搭配。

所谓光，就其物理属性而言是一种电磁波，其中的一部分可以为人的视觉器官——眼睛所接受，并做出反应，通常被称为可见光。不同波长的可见光投射到物体上，有一部分波长的光被吸收，另一部分波长的光被反射出来刺激人的眼睛，经过视神经传递到大脑，形成对物体的色彩信息，即人的色彩感觉。因此，色彩是可见光的作用所导致的视觉现象，产生这种感觉基于三种因素：一是光；二是物体对光的反射；三是人的视觉器官眼睛。可见光刺激眼睛后可引起视觉反应，使人感觉到色彩和知觉空间环境。光、眼、物三者之间的关系，构成了色彩研究和色彩学的基本内容，同时亦是色彩实践的理论基础与依据。

所有的灯光都是由各种波长与频率的色光组成的，这些色光依次排列，即所谓"光谱"。不同光谱的灯如白炽灯、荧光灯等所发出的光，其色彩感觉也不同。光谱上，红橙黄绿青蓝紫七种色光，可分为冷和暖两种性质。如看到太阳、火焰是红色、橙色、黄色，给我们热的感觉，所以红色、橙色、黄色称为暖色；如看到绿荫、夜色等景色都是蓝绿色，给我们感觉寒冷，所以蓝色、绿色、紫色称为冷色；如黑色、白色，给我们的感觉冷暖兼备，称中性色。而红色、橙色、黄色等暖色由于给人的知觉度强，有向前突出的感觉，因此又称进色；绿色、青色、紫色的知觉度弱，所以又称退色。冷色收缩，暖色扩张；冷色后退，暖色前进。高纯度色彩会吸引人的注意，但容易使人感觉疲惫；而低纯度色彩，则平淡、乏味，却持久耐看。（图6-7、图6-8）

图6-7　低纯度妆容1（朱建忠　摄）

图6-8　低纯度妆容2（朱建忠　摄）

有光照才有色彩。色彩是以色光为主体的客观存在，光与色是构成影视作品拍摄的基本元素，它是我们进行审美观照和审美欣赏的对象。它能够使画面体现出时间与空间、抽象与具象、写意与写实，它能够表意与抒情，能够赋予视觉以韵律和节奏。光源色、物体色、固有色的呈现是与照射物体的光源色、物体的物理特性有关的。灯光色是用玻璃颜色打上成色光的，光的三原色是红色、黄色、蓝色，在舞台上不同颜色的光，打在妆面上的效果也不同。冷颜色射在冷色妆面上效果鲜明；暖颜色射在暖色妆面上效果鲜明，相同的光与妆面在一起就变白、变亮、变浅。如果红光射在绿衣服上，效果就会非常暗沉。（图6-9）

黄光照射下：红色、黄色、橙色变亮变冷，青色、蓝色、紫色变黑。

红光照射下：蓝色、绿色、紫色明度变暗，红色、黄色、橙色变亮。

蓝光照射下：红色、橙色、紫色、棕色变成暗色。（图6-10）

图6-9 相同的光与妆面效果

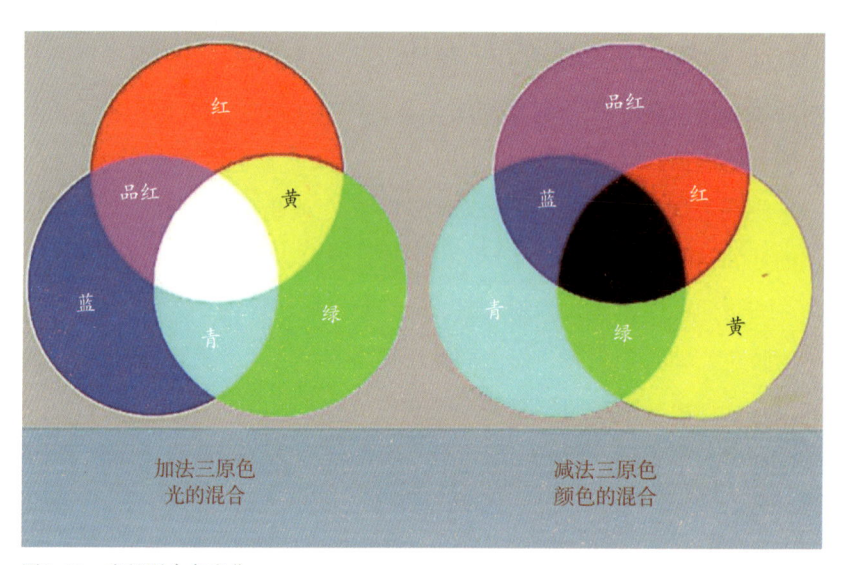

图6-10 光颜混合色变化

光颜混合色妆面效果变化表

妆面色彩 \ 灯光	红光	黄光	绿光	蓝光	紫光
红	失色	保持红色	变得很黑	变黑	变成淡红
橘黄	变亮光	稍微失色	变黑	变得很黑	变光亮
黄	变白	变白或失色	变黑	变成橘色	变粉红
绿	变得很黑	暗成深灰	变成淡绿	变光亮	变成淡蓝
蓝	暗成深灰	暗成深灰	变成深绿	变成淡蓝	变深
紫	变黑	几乎暗成黑	几乎暗成黑	变成橘色	变得很淡

影视剧化妆和灯光有着亲密的关系，灯光色温对妆面色彩影响很大，不同的灯光角度变化，能直接改变演员造型的变化。用正常颜色化妆，如在红光照射下，红色失色，明暗关系不清楚，妆色不明显；浅色光下，妆容好看。（图6-11、图6-12）

如在蓝光照射下，妆要画淡些，画红要偏黄些，底色要薄些，使画面感更好；如在黄光照射下，柠檬黄就变白了。凡是在强光下，化妆底色要深，线条要减弱；在弱光下，化妆底色要亮，线条要清楚。光的角度，顶光使人的妆容最难看，角光也使人妆容难看，最好的光应该是面光，面光够不够、好不好，化妆师应做出适当的调整。（图6-13、图6-14）

图6-11　浅色光下妆容1

图6-12　浅色光下妆容2

图6-13　强面光下妆容

图6-14　弱面光下妆容

第三节　舞台化妆造型

　　舞台剧按内容可以分为喜剧、悲剧和正剧；按表现形式可以分为歌剧、舞剧、话剧、哑剧、诗剧、偶发剧、木偶剧等。舞台化妆造型，既浓重又夸张于生活妆。这主要源于演员在与观众有一定距离的舞台上表演，舞台上的灯光大多较强、较亮，为了使较远的观众能清楚地看到演员的形象和面部表情，所以，化妆时必须夸张地加重五官的形状和色彩，或依靠佩戴毛发制品和塑型粘贴物等来帮助表现，这些假定性的夸张手法，可以增加理想的演出效果。当然，此妆的夸张，也需在符合自然规律和生理结构的情况下进行，否则，会产生可笑的怪态和滑稽感，影响演员的表演效果。同时，因舞台剧人物的化妆造型有很多类型，如淡妆、浓妆、性格妆等，所以化妆师要和剧本的编导进行全面沟通。一方面要提前了解故事情境和背景，掌握剧中人物的形象特点要求，然后进行整体构思和设计，并与剧本演员进行沟通，了解其外貌特征等基本要素，事先掌握基本信息。另一方面要充分运用自己的技巧、创意等进行具体设计和修饰，要始终围绕故事情节和故事发展脉络服务，不能使用过多的修饰和不必要的添加，简单、切题、自然即是最佳状态，通过对人物进行化妆造型设计进而塑造完美角色。（图6-15、图6-16）

图6-15　舞台造型1（朱建忠　摄）

图6-16　舞台造型2（朱建忠　摄）

一、舞台化妆的功能与特征

一是舞台剧化妆的功能区别于影视化妆、日常化妆。这是指对剧场艺术而言,在特定的场地,由演员表演,由观众欣赏,在同一个时空内的表现形式。舞台化妆具有缩短演员与角色之间的距离,解决外部形象的具体问题,根据剧本的人物要求来塑造形象,解决形象问题的功能。(图6-17、图6-18)

二是缩短演员与观众之间的距离感,为了使观众近距离感受演员塑造人物的真实感,需要在化妆造型上给予恰如其分的辅助。同时为了让观众在远距离也能看清演员的表演和着装造型,就需要在化妆造型上进行强调、夸张。

三是帮助演员进入角色,激发演员情感。当演员化好妆后,立刻进入角色,开始表演。在试妆时,例如饰演和尚角色的演员没化好妆前,如何表演都让人觉得不像原型人物,但是当剃光头化好妆后,很快便能进入角色。因此化妆师应从演员角色上来考虑人物塑造,共同创造形象。

四是具有改变和矫正面部形象的作用。

五是具有美化形象的作用。

六是具有烘托感情、渲染气氛的作用。

图6-17 舞台妆容1(朱建忠 摄)　　图6-18 舞台妆容2(朱建忠 摄)

二、舞台化妆的特征

一是要体现人物的生理特征,包括年龄、性别、民族、体形、身体状况、智力等。

二是要体现人物的社会属性,包括职业、民族、阶级、阶层、风俗习惯、国籍等。

三是要体现人物的性格特征，包括爱好、思想方法、心态、脾气等。

四是要体现自然状况，例如季节、气候特征等。

在舞台化妆造型过程中，根据以上四点，只需要选择其中一两点进行重点塑造就可以了，例如曹操的白脸，包公的黑脸，又如"麦克白"（莎士比亚经典话剧《麦克白》人物）为了表现其心计，在头发的处理上强调硬挺发质，突出性格特点，而乡土味，则可以用泥土色彩来定妆。

舞台化妆还具有综合性特点，如绘画因素，五官立体感塑造需要绘画原理支撑；光的因素，与光的配合；发式的因素，甚至还包括雕塑；此外，化妆还具有工艺美术的因素，如头饰、耳环等，需要综合各种材料，各类材料无所不用，从材料上想办法，结合化妆技术开发创意。化妆造型与表演艺术是互相结合，与演员表演动作互相依存。舞台剧可以从第一场开始，创造到几百场甚至全球巡演几十年达到数万场，因此舞台化妆有着不断再创造的过程。另外，舞台化妆的类别一般包括两大类，一类是绘画化妆，另一类是雕塑化妆。绘画化妆是靠油彩、笔，利用素描、色彩的关系来表现，它用笔工整、细腻，不要条件色，使用固有色来表现，有着素描的浑厚力度，特别注重结构，立体感和体积感强。雕塑化妆是用橡胶、发饰、首饰来进行化妆，与影视化妆中的塑型化妆类似。（图6-19、图6-20）

图6-19 绘画化妆（朱建忠 摄）　　　　　　　图6-20 雕塑化妆（朱建忠 摄）

三、舞台化妆师具备的条件

一是配套整齐，有修养，有素质，多看书，多研究，提升文学艺术修养。

二是要有生活修养，要深入生活，例如巴尔扎克把生活的东西都记录下来。创作现代剧的化妆造型需要生活积累，历史剧需要自身的文化积累。

（一）要有造型的能力

一要增强理解力，理解剧本中的人物，学会哲理性思考。

二要有想象力，富有创意思维。

三要有表现力，通过各种手段来表现特殊造型。有表现力就是研究所塑造对象的根本能力。

四要有创造，能出新意。例如电视剧《西游记》里面的一千多个面具造型都非常有新意，效果突出、强烈。

五要有全局观，把服装、化妆整体的人物造型进行统一构思，全面考虑。

（二）舞台化妆的局限性

一是受到演员面部的制约。

二是受到舞台大小的制约，观众距离的约束。（图6-21）

三是受到演员的动作及舞台布景、服装的约束。

四是受到舞台灯光强弱、灯光角度的制约。

五是受到妆容在后台体现与在前台体现区别的制约。后台在弱光下化妆，而在前台演出是极强光下体现。另外化妆室演员化妆时，化妆师是俯视化妆，而在前台观众是仰视观看，不同观看角度也会产生制约。

图6-21 妆容近距离与远距离看的不同效果（朱建忠 摄）

四、任务小结

本节任务的学习内容，主要通过对设定的舞台剧人物进行化妆造型，训练塑造人物特征的化妆技能，并能充分体现教学要求中的单元教学目标。

五、课后拓展

在本节课的知识基础上，进一步掌握舞台剧化妆中比较有代表性的时期，例如文艺复兴、巴洛克、洛可可等时期风格化妆造型的难点、重点。

认识欧洲美人面部结构基础，如何进行化妆造型知识的了解与把握。文艺复兴、巴洛克、洛可可时期，风格、元素、审美特征等知识的掌握，并准确表达在人物化妆造型中。

代表性时期的风格特征涵盖范围非常广泛，具有很多典型的装饰特点，化妆造型中需要找准知识点，避免风格界定不清晰甚至错误的情况而影响效果。

第七章
摄影化妆造型设计

章节前导
Chapter preamble

摄影化妆造型设计是一门综合性的艺术和技术,涉及化妆、服装、道具等方面,旨在通过各种手段将主题或形象呈现得更加生动、吸引人。这项工作常见于摄影、影视制作、时尚设计等领域,其目的是创造出符合特定需求和主题的视觉形象。以下是摄影化妆造型设计的介绍。

化妆艺术:摄影化妆造型设计师要具备深厚的化妆艺术技能,能够运用各种化妆技巧(包括基础化妆技巧、特效化妆技巧等),根据不同的主题和角色需求塑造出丰富多样的形象,以及对不同肤色、脸形、眼形等进行处理。

服装设计:摄影化妆造型设计师需要了解服装设计的原理和流程,具备设计、选择、搭配服装的能力。需要根据拍摄或表演的需求,选择合适的服装,并通过巧妙的搭配来展现出角色的气质、特点和情感。

道具选择:在摄影化妆造型设计中,道具的选择也十分重要。摄影化妆造型设计师需要根据主题和场景的需要,选择合适的道具,如配饰、头饰等,以增强形象的视觉效果。

色彩理论:色彩在摄影化妆造型设计中起着至关重要的作用。摄影化妆造型设计师需要熟悉色彩搭配原则和色彩心理学,能够根据主题和情感要求选择合适的色彩,以营造出具有吸引力和感染力的视觉效果。

创意设计:摄影化妆造型设计是一个创造性的过程,摄影化妆造型设计师需要具备良好的创意设计能力,能够为拍摄或表演提供独特的创意和想法,以实现形象的个性化和独特性。

沟通协调:摄影化妆造型设计师需要与摄影师、导演、模特等相关人员进行有效的沟通和协调,共同完成摄影化妆造型设计的工作。并且需要理解拍摄或表演的需求,与团队密切合作,确保最终呈现出令人满意的视觉形象。

总的来说,摄影化妆造型设计是一个综合性的创作过程,需要摄影化妆造型设计师具备多方面的技能和知识,才能创作出符合要求和主题的视觉形象。

学习目标

素养目标：

1. 具备一定的审美与艺术素养；
2. 具备一定的语言表达能力；
3. 具备一定的沟通能力；
4. 具备良好的职业道德。

知识目标：

1. 了解人像化妆造型要点及设计方法；
2. 了解人像妆容发展历史及背景知识；
3. 了解人像化妆造型主要类型及代表性妆容特征。

技能目标：

1. 学会人像化妆造型要点及设计方法；
2. 学会人像妆容发展历史及背景知识；
3. 学会人像化妆造型主要类型及代表性妆容特征。

第一节　人像摄影化妆造型

人是一切社会活动的中心和主体，也是摄影、电影和电视主要的记录和表现对象，更是影视艺术创作中叙事、抒情和表意时的一种重要形象语言。所以，对人的拍摄在整个影视摄影工作中具有十分重要和突出的地位，也是衡量摄影者水平能力的一个重要因素。

一、人像摄影和人物摄影

相同点：拍摄对象是人。

不同点：拍摄对象的侧重点不同，人像摄影侧重于表现被拍摄者具体的外貌和精神状态，人物摄影则侧重于表现有被拍摄者参与的事件与活动。

拍摄时基本要求的侧重点不同：人像摄影侧重于造型，人物摄影侧重于创作（摄影的三层水平：技术技巧、造型和艺术创作）。（图7-1、图7-2）

（一）人像摄影的种类

一是室内自然光人像。（图7-3）

二是现场光人像。（图7-4）

三是摄影室灯光人像。（图7-5）

图7-1 人物摄影 　　　　图7-2 人像摄影 　　　　图7-3 室内自然光人像

图7-4 现场光人像 　　　　图7-5 摄影室灯光人像

（二）人像摄影的要求

"形"的要求：（图7-6至图7-8）

"漂亮"——"拍漂亮"

"普通"——"拍好看"

形象语言：

化妆中色彩的执行感相当重要，不要满足于"同色"，应该了解色彩搭配是柔和化妆的要素。真实藏于细处，也就是说一些小的化妆组合的不同，是决定颜面自然与否的重要因素，因而要特别注意细处的变化。（图7-9）

单纯的色彩仅能达到完美装饰的一部分，妆容只有一种具有代表性的颜色才能在身上形成强烈的效果。

图7-6 校正缺陷

图7-7 神形兼备1　　　　　　　　图7-7 神形兼备2　　　　　　　　图7-9 化妆时刻图

　　模特化妆时不可依赖线条，就和不可使用单纯的色彩的意义相同，过分依赖线条的单纯感是无法达到柔和的目的。（图7-10、图7-11）

　　化妆时色彩不知道如何形容较为恰当，唯有运用类似这种无名称的色彩，才能微妙地表达出灵活的色调来。

　　要巧妙地运用颜色，就得注意底色的形成，色彩的灵活与死板完全取决于底色。

　　化妆只要达到温和度的九成，另外一成则在于拍摄时模特配合的举止和行为，身体语言是不可忽视的。

　　有些模特在拍摄时太兴奋，表情过于夸张，精神饱满、活泼，有时也要抑制一下，毕竟稍稍内敛是女性的美感之一。

图7-10 妆面整体色彩　　　　　　图7-11 妆后效果

在化妆中上眼皮最强调的就是"清爽利落",化妆术基本原则是以一色来晕淡,并不需要太多的层次,当可以多色调和运用时,说明你已熟练掌握了此技能。

第二节　服装产品拍摄化妆造型

时尚的元素在人像摄影中有着一定的重要位置,最直接的方式就是在模特的造型和服饰上做文章。专业的化妆造型在环境人像的拍摄过程中必不可少,它的作用不仅是掩饰模特的不足,更重要的是赋予模特全新形象。特殊的妆面需要搭配恰当的服装,这一切都需要周密的计划和准备。个性化的整体造型可以刺激模特的表现,使其更轻松地进入拍摄状态。进行严肃的创作时,造型师需要全程陪同,这样可以在必要时为模特补妆,也可以在不同的环境中尝试不同的造型。拍摄模特的服装可以通过各种渠道租借,而如何搭配就要看摄影师和造型师的品位了。不同的拍摄环境对服装的要求也有一定的规律。一般处于岩石墙壁等表面平整且质地单一的背景中时,模特穿着艳丽的服装会更加夺目;而在杂乱的背景中,纯色的服装更加吸引眼球。(图7-12、图7-13)

认可化妆品的魅力(修饰+增强):想想模特的优势在哪里?如果是眼睛,重点修饰眼线,用睫毛膏能让眼睛更加灵动光彩;如果是嘴唇好看,用适合模特肤色的色彩突出它吧!(图7-14、图7-15)

图7-12　纯色服装效果(朱建忠　摄) 　　图7-13　较艳丽服饰效果 　　图7-14　突出眼妆(朱建忠　摄) 　　图7-15　突出眼妆(朱建忠　摄)

看场合:当你日常或者周末穿着比较随意外出的时候,化妆是否能使你看起来更有精神至关重要。如果你实在不喜欢化妆,口红是必备的,再来一点眼线就更好了。日常工作、社交时,淡妆基本是通用的。(图7-16)

妆容与服饰之间的和谐:这一点很重要,要让你身上的颜色不冲突(从面部妆容到服饰搭配),一件暗淡的衣服可能会因为口红的颜色鲜艳而改变。但是,颜色鲜艳、图案缤纷的衣服需要更柔和的色彩。(图7-17、图7-18)

当选择最能使模特漂亮的服装色彩和化妆品色彩的时候,应该遵循平衡的原则。平衡的原则就是:

图7-16 日常妆 　　　　　　　　　图7-17 红色服装（朱建忠 摄） 　　　　　　　图7-18 高纯度蓝色服装（朱建忠 摄）

平衡好模特脸部皮肤的色调、头发颜色及眼睛颜色等的对比关系，以及使这种对比关系显出美好效果的色调。

美好效果的色调包括：浓艳、充满活力、全"纯"的颜色，像黑色、白色那样对比强烈的颜色，各种冰色（冰色是指一种颜色的最淡、最冷的色调，例如，在白色中稍微加一点儿粉红色，就成了冰粉红色），深色的中性色。

闪闪发光的单色的布料，丝、缎及有金属小圆片、天鹅绒那样的光彩的布料，我们不要这些混合的颜色，颜色应该是清晰、浓艳的。

化妆品与服装是分不开的。配色表告诉你什么颜色最能让亚洲人漂亮，并进一步教会你如何搭配化妆品与衣服的颜色，包括你的服装、口红、唇线笔、眼影、胭脂、指甲油六个部分。

如果你穿单色的衣服，比如粉红、蓝色、紫色、青色加青绿色、橘红色、银色、雷红色等粉红"家族"的颜色，你就要用与粉红"家族"相对应的口红、唇线笔、眼影、胭脂和指甲油。如果你穿橘红色、褐色、绿色、黄色等橘红"家族"的衣服，你就要用橘红"家族"的化妆品。你会注意到，中性"家族"有四类：红色、白色、灰色和六种深中性色，它们可以搭配任何中性"家族"的化妆品。如果衣服是高光色，如古铜色、金色、银色，可以用任何口红，嘴唇看起来都会更丰富，更立体。

在搭配衣服的时候，如果你穿中性颜色的衣服，你可以用任何颜色的化妆品；如果你用中性颜色的化妆品，你可以搭配所有颜色的衣服。

如果衣服有很多不同的红色怎么办？那么找出最深、最耀眼的红色为主导色，然后配上相应的口红。（图7-19）

图7-19 高纯度红色服装（朱建忠 摄）

如果是花色的衣服怎么办？选出占主导色调或最接近脖子和脸的颜色，然后配上相应的口红。（图7-20）

如果穿桃红色的衣服怎么办？桃红色是中性红，一半是粉、一半是橘。搭配请用粉红色和橘红色的混合色，胭脂也一样。

霓虹是一个特别的颜色，只可以搭配霓虹的化妆品。（图7-21）

图7-20 花色服饰（朱建忠 摄）　　图7-21 霓虹服饰（朱建忠 摄）

如何巧妙地搭配颜色，需要很长时间的学习和钻研，非三言两语能说清。下面简单地提供一些参考。

1. 摄影中颜色分两类

彩色、黑白。

2. 安全搭配

任何三原色（图7-22）与无颜色搭配均为同类色，同类色搭配具有稳定温和的感觉。如：红色与灰色，黄色与白色，都是安全的搭配。

3. 邻近色搭配

如红色与黄色、蓝色和绿色、橙色与黄色等，邻近色的搭配有柔和、自然的效果。（图7-23）

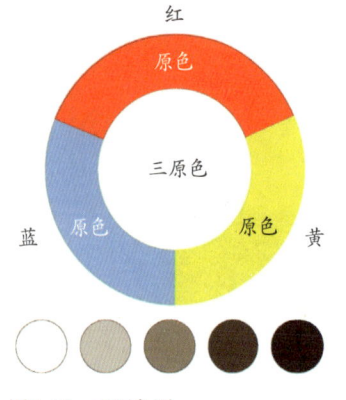

图7-22 三原色图　　图7-23 邻近色图

4. 需谨慎搭配

对比色，在色相环上处于150度~180度的任何两种颜色属于对比色。这种搭配要小心，对比强烈，容易兴奋，组合较复杂，稍不慎即会产生刺激和杂乱的效果，如红色与绿色。

互补色，在色相环上处于180度的一对色。如蓝色与橙色、黄色与紫色、红色与绿色。（图7-24）

每对颜色调和后均为黑色，蓝色和白色的搭配需要有技巧，可适当提高明度来调节，若不深谙此道最好别冒险。

有了以上的知识，那么我们买衣服、化妆时都会有安全值，即使不会，学一些简单的搭配也不难，如：蓝色上衣配白色裤子是可行的，配绿色裤子也是可以的。

眼影中蓝色眼影配绿色眼影也是可以的，配紫玫色唇膏。

绿色眼影配金黄色眼影也是不错的，配橙色唇膏也是可以的。

反之，黄色衣服千万别配紫色裤子，会非常难看。

5. 化妆品的颜色与衣服如何搭配

化妆品的颜色与服装必须协调搭配，才能表现出最好的视觉效果。为方便在日常搭配中通用，我们将颜色大致分为冷色系、暖色系及中性色系。

冷色系：蓝色、紫色、青色、葡萄红色、豆沙红色、粉红色、桃红色、酒红色、红色。

暖色系：绿色、黄色、褐色、橘色、咖色、秋香绿色。

中性色系：黑色、灰色、白色。

6. 搭配技巧

如果你的衣服偏于冷色系，建议你也使用同一色系的化妆品。例如蓝色服装可搭配紫色眼影及粉红色唇膏；绿色服装可搭配咖色眼影及橘色唇膏。至于中性色系的服装，则可自由搭配。（图7-25）

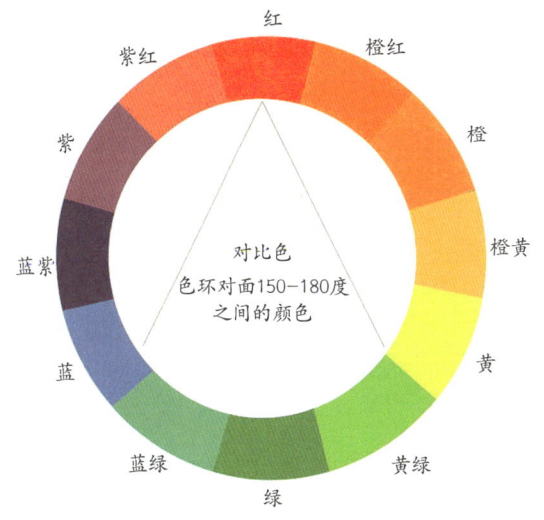

图7-24 对比色图

图7-25 蓝色服装（朱建忠 摄）

第三节 喷枪化妆造型

喷枪化妆技术：这是较为流行的一种化妆技术，妆面造型美艳，用于影视、秀场等，属于创意妆的一种。通过喷枪在皮肤上化妆，过程有点像喷枪美黑法，是用一支小喷枪进行的，小喷枪通过气流，更好地让化妆品贴合皮肤，营造一个光滑、均匀的感觉。

油漆喷枪： 由空气压缩机产生的压缩空气，经喷枪前部的空气帽喷射出来时，就在与之相连的涂料喷嘴的前部产生了一个比大气压低的低压区。在喷枪口产生的这个压力差就把涂料从涂料贮罐中吸出来，并在压缩空气高速喷射力的作用下，雾化成微粒喷洒在被涂物表面。

好莱坞的演员因它而容颜闪耀。即使是顶级造型师也对它青睐有加。在彩妆艺术的殿堂里，它赋予人像摄影鲜活的生命。它令所有的使用者在如沐春风的享受中美丽蜕变，它就是国际化妆界备受推崇的高清喷枪化妆术。（图7-26至图7-28）

图7-26　喷枪化妆造型1（朱建忠　摄）

图7-27　喷枪化妆造型2（朱建忠　摄）　　图7-28　喷枪化妆造型3

什么是高清喷枪化妆术？

高清喷枪化妆术，又名高清化妆，是一种利用喷枪配合特制粉底上妆的化妆方法，粉底经过压缩以细雾的形式喷在肌肤表层，令妆容看起来更自然服帖。

高清化妆喷枪，能将专用粉底液高度雾化，上妆均匀统一，妆面轻、薄、透，自然服帖，完美无瑕，同时能很好地遮盖脸上的斑点、瑕疵、细纹和暗淡、发黄的肤色，使妆面完美无瑕，像陶瓷般光滑。符合高解像度的高清镜头拍摄的需要。（图7-29、图7-30）

第七章 摄影化妆造型设计

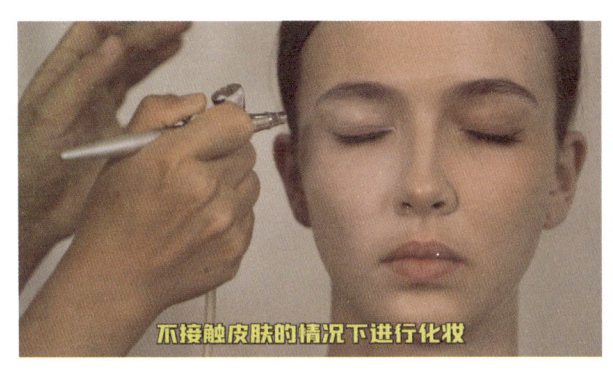

图7-29 喷枪化妆造型过程图1（朱建忠 摄）

图7-30 喷枪化妆造型过程图2（朱建忠 摄）

粉底、腮红、眼影、口红、高光都能完成，线条的描画和大面积的喷绘造型都能得心应手。（图7-31）

化妆的速度快，时间短。妆容保持时间长，持久不脱妆。

随着科技的不断发展，以及人们对视觉享受越来越高的追求，所有的图像技术包括电影、电视、摄影、电脑等都将会融入高清技术。所以，学习高清喷枪化妆已经是每个化妆师迫在眉睫的任务，也是每个彩妆学员的必修课程。（图7-32、图7-33）

图7-31 喷枪化妆造型过程图3（朱建忠 摄）

图7-32 喷枪化妆造型展示1（朱建忠 摄）

图7-33 喷枪化妆造型展示2（朱建忠 摄）

127

第四节　古风摄影化妆造型

每个时代都有不同的审美标准，隋唐时期盛行丰腴美，在这种审美标准的影响下，当时人们喜欢的造型跟现在是截然不同的。想要还原古代化妆造型，首先要做的就是了解细节处理方式。眼妆、唇妆等细节只需要照着古画来模仿就行了，上手难度不算高，根据自己的面部五官分布特点做出细微调整即可。但修容是需要有一定技术的，不仅要让面部轮廓线条看上去饱满、圆润，还要避免穿搭出现"刻意显胖"的感觉。

在突出化妆造型美感的同时，还要强调发型的古典美。发型和化妆造型二者是有联系的，它们相辅相成，需要在搭配中相互配合。在挑选服饰的时候，需要结合实际情况来处理搭配细节，尽量找到适合自己的服装设计，不需要刻意去寻找与古画一模一样的服装。只要服装能满足搭配需求，将古典美呈现出来即可。服装的设计、面料以及配色都要注意搭配，这些都是搭配的关键。

当下汉服文化流行日常化，妆容上需要与服饰同朝代相符。

秦代的女子偏好橘色系的妆容，眉妆（被称为"一点眉"）的流行甚至延续到汉代和唐代，成为经典。甚至影响到其他国家。重点是眉峰浓，眉头和眉梢淡。（图7-33）

唐代的民风开放，因此唐代女子的妆容多有变化。先是有引导后世"一白遮三丑"的经典白面出现，一点眉也延续出远山黛、青黛、柳叶黛等多种妆容。（图7-34）

宋代民风极为保守，唐代女子的开放风气受到极大的打压。因此宋代女子妆容极为素洁。妆容以清新高雅为主，强调自然肤色及提升气质。眼妆延续秦代的丹凤，但更为自然，淡淡斜飞入鬓的眼形在许多宋代仕女图中都可查证。（图7-35）

图7-33　秦代妆容

元代蒙古族宫廷中女子多着暗红色服装，十分简洁。元代民间女子盛行素颜风潮，与前两朝的艳丽与高雅反差极大。整体妆容随意。（图7-36）

图7-34　唐代妆容　　　　图7-35　宋代妆容　　　　图7-36　元代妆容（李明君　摄）

明代女子着装以明亮为主，艳丽色彩盛行，各种眉妆甚至延续到清代。（图7-37）

清代宫廷女子的妆容与民间女子反差较大。官宦及宫廷女子着色沿袭秦，以橘色为主，艳丽的色彩张力是清上层的着装风尚。柳叶眉、水眉、平眉、斜飞眉占据主位。眼妆强调素净。脸颊着色偏暗，唇色以艳红居多，强调艳丽雍容。（图7-38）

图7-37　明代妆容 　　　　　　图7-38　清代妆容

眼妆和唇妆相搭配可起到相得益彰的效果，如：红色系眼尾妆，眼尾为重点，搭配同色的唇妆，的确是一款很中国风、古风的妆容，简单实用。（图7-39）

第一步：底妆后，先用眉笔勾勒好眉形，尽量不要画得太平太直太粗，稍微有些弧度。（图7-40、图7-41）

第二步：使用双头眉笔的眉粉头进行填色，注意眉头不要太深，可以用刷子晕染一下。（图7-42）

第三步：蘸取黄色眼影，涂抹在整个上眼皮，作为眼部打底。（图7-43）

图7-39　红色系眼尾妆

第四步：用晕染刷蘸取红色眼影，晕染在上眼皮后半段，眼尾晕染稍微拉长些。（图7-44）

第五步：用晕染刷蘸取红色眼影，轻轻按压在下眼尾并往外晕染。（图7-45）

图7-40　化妆步骤1（朱建忠　摄） 　　　　　图7-41　化妆步骤2（朱建忠　摄）

129

图7-42 化妆步骤3（朱建忠 摄） 　　图7-43 化妆步骤4（朱建忠 摄）

图7-44 化妆步骤5（朱建忠 摄） 　　图7-45 化妆步骤6（朱建忠 摄）

第六步：晕染时要带一点在颧骨的位置。（图7-46、图7-47）

第七步：眼线液笔沿着睫毛根部画眼线，不需要太粗，眼尾稍微拉长即可。

第八步：还可以补一下太阳穴及颧骨的颜色、（图7-48）

第九步：夹翘睫毛，需要戴假睫毛的可以选择自然款的假睫毛戴上，为上下睫毛刷上睫毛膏即可。

第十步：先将唇膏薄涂一层，抿开，接着再用唇膏涂抹嘴唇中间部分，不需晕染。嘴角点上面艳。（图7-49）

图7-46 化妆步骤7（朱建忠 摄） 　　图7-47 化妆步骤8（朱建忠 摄）

图7-48 化妆步骤9（朱建忠 摄） 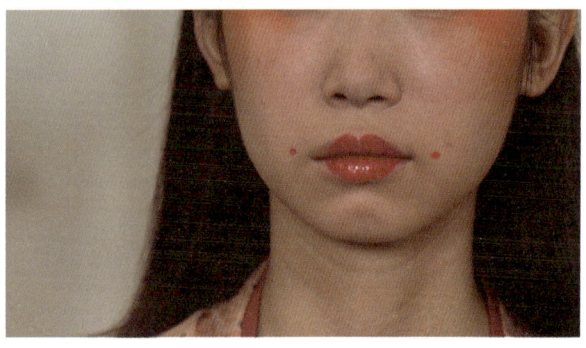　　图7-49 化妆步骤10（朱建忠 摄）

一、唐代常见的九种古妆眉形解析

1. 秋娘眉：风流清韵，灵秀柔美，清纯不失妩媚。一挑秋娘眉，倾国倾城倾世人，管他俗世多闲语。（图7-50）

2. 远山眉：晚唐时期出现的眉形。（图7-51）

3. 新月眉：形如弯钩，弯曲弧度和柳叶眉有得一比，不过柳叶眉较细，新月眉较粗，颜色也微淡，隐隐有些许凉薄意味。（图7-52）

4. 水湾眉：始粗末细，如一波浪划破碧水，一眼看穿，不料却是绵长荡漾，眉梢处比眉头稍低，那一道眉清若水，总带给人愉悦。（图7-53）

5. 分梢眉：古代妇女眉式名，因眉梢分叉而得名。眉头细而色浓，眉梢宽、分叉而色淡。（图7-54）

6. 拂云眉：眉毛呈S形，眉头尖，眉梢呈开放式，不封口，上扬且浓粗，给人英气十足、果敢干练的感觉。（图7-55）

7. 元眉：古代常见眉形之一。（图7-56）

8. 蛾翅眉：眉形呈现三角形轮廓。眉头尖，眉梢浓粗，向上散开，整个眉形偏短，给人冷若冰霜、冷酷无情的感觉。（图7-57）

9. 鸳鸯眉：鸳鸯眉是唐代常见的眉形之一。（图7-58）

到了唐玄宗时画眉的形式更是多姿多彩，常见的就有十种：鸳鸯眉、小山眉、五眉、三峰眉、垂珠眉、月眉、分梢眉、涵烟眉、拂烟眉、倒晕眉。

图7-50 秋娘眉（梦琪 绘）

图7-51 远山眉（梦琪 绘）

图7-52 新月眉（梦琪 绘）

图7-53 水湾眉（梦琪 绘）

图7-54 分梢眉（梦琪 绘）

图7-55 拂云眉（梦琪 绘）

图7-56 元眉（梦琪 绘）

图7-57 蛾翅眉（梦琪 绘）

图7-58 鸳鸯眉（梦琪 绘）

二、常见的八大古妆唇

1. 汉代梯形唇妆

画法就跟画圆一样，上嘴唇画个小圆，下嘴唇画个大梯形，就是梯形唇妆了。（图7-59）

2. 魏晋小巧唇妆

魏晋的唇妆最大的特点就是看起来特别小巧，画起来还特别省口红。要先用粉底打底，然后晕一层粉色润唇膏在上面，最后在嘴唇中间开始依照唇形向内缩小画，这样就可以显得嘴唇比较小巧，而润唇膏又不会使整个唇妆看起来不自然。（图7-60）

图7-59 汉代梯形唇妆（梦琪 绘）

3. 唐代蝴蝶唇妆A

依旧先用粉底液打底，接着用粉色的润唇膏涂满嘴唇，在上嘴唇处画个爱心状，用口红填满，爱心状大约是嘴唇的一半，下嘴唇画两个半椭圆，就像蝴蝶翅膀一样，给人以生动灵活的感觉，一种自由之感油然而生。（图7-61）

4. 唐代蝴蝶唇妆B

这款唇妆和现代妆有点相似，但是又更为精致。先用粉底液打底，再在上嘴唇画一个比唇形小的字母"m"，下嘴唇按唇形画一个弧度出来，嘴唇两侧细小，就会显得饱满性感。（图7-62）

图7-60 魏晋小巧唇妆（梦琪 绘）

图7-61 唐代蝴蝶唇妆A（梦琪 绘）

图7-62 唐代蝴蝶唇妆B（梦琪 绘）

5. 唐代蝴蝶唇妆C

唐代的审美没有前人参考，所以唇妆往往显得很不实用。这一款比上一款要艳丽一点，形状上要细长一点，依旧是上嘴唇画字母"m"，这一次"m"的顶部要更加分明，整体要扁平一点，唇珠处加以突出，下唇画弧形。（图7-63）

图7-63 唐代蝴蝶唇妆C（梦琪 绘）

6. 明代唇妆

明代流行内扩唇妆，和魏晋的小巧唇妆差不多。画的时候向里面缩小一圈，这样看起来会显得嘴巴很小，有一种樱桃小口的视觉感。先用粉底液遮盖原本的唇色，用唇刷画出唇形的轮廓，再往里填色。（图7-64）

7. 清代花瓣唇妆A

先用粉底液打底，然后上唇按字母"m"画，中间略厚，向两边渐薄，下唇在唇中画一道线，再向两侧略微晕开一点，最好呈椭圆状，显得有圆润感。（图7-65）

8. 清代花瓣唇妆B

这款唇妆有点复杂，我们要先用粉色的润唇膏打底，中间涂厚两边涂薄，而且两侧要细一点，不能和中间一样宽，这时候用红色口红在上嘴唇画一个爱心，下嘴唇先画一个比上嘴唇大一点的爱心，画好后将下嘴唇的爱心中间向下延长，这样看起来就会像一朵小花瓣了。（图7-66）

图7-64 明代唇妆（梦琪 绘） 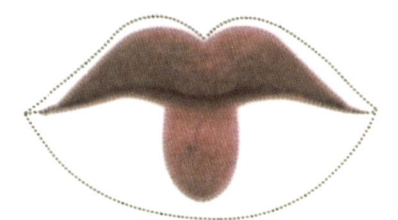　　图7-65 清代花瓣唇妆A（梦琪 绘） 　　图7-66 清代花瓣唇妆B（梦琪 绘）

三、十三种"中国风"眼妆解析

1. 青峦眼妆

先用蓝色的眼影打底，在内眼角上方画一个红色的圆，眼尾上方描绘出山峦起伏的感觉，眼尾下方画一座山和一钩弯月，最后画出祥云点缀。（图7-67）

2. 金寅眼妆

用橘色眼影晕染出底色，眼尾拉长成三角形上扬，再用黑色眼线笔和白色眼线笔画纹理，大小错落，就像老虎身上的斑纹。（图7-68）

图7-67 青峦眼妆（梦琪 绘） 　　图7-68 金寅眼妆（梦琪 绘）

3. 桃夭眼妆

粉色眼影打底，红色眼影在轮廓内由深至浅晕染，再用白色眼影描绘出纹理。（图7-69）

4. 水云眼妆

浅蓝色的眼线笔，画出几条波纹线条，深蓝色眼影加深边缘，制造出立体的光影效果，最后点缀两个红色的点。（图7-70）

图7-69 桃夭眼妆（梦琪 绘）　　　　　　　　图7-70 水云眼妆（梦琪 绘）

5. 雀灵眼妆

内眼角、外眼角分别晕染蓝色眼影和紫色眼影，中间用黄色眼影晕染出扇形，最后在中间用红色眼影画一滴水滴。（图7-71）

6. 赤鸾眼妆

先用红色的眼线笔在上下睫毛根部和双眼皮的位置画出红色的线条，勾出内眼角，在眼尾用黄色眼影画出卷曲的羽毛形状，用橙色眼影加深边缘，制造立体的层次感。（图7-72）

7. 海神眼妆

蓝色眼影打底，再用深蓝色勾线笔在眼尾画几条波纹，上眼睑轮廓大，下眼睑轮廓小。（图7-73）

8. 朱雀眼妆

黄色眼影打底晕染，红色眼影在眼窝线晕染一条S形曲线，白色描边。接着红色勾线笔画出有弧度的三角形，表现出朱雀的翅膀，再穿插上细长的羽毛。（图7-74）

图7-71 雀灵眼妆（梦琪 绘）　　　　　　　　图7-72 赤鸾眼妆（梦琪 绘）

图7-73 海神眼妆（梦琪 绘）　　　　　　　　图7-74 朱雀眼妆（梦琪 绘）

9. 花魁眼妆

黄色眼影大面积打底，眼尾画出几片荷叶的花瓣，红色眼影从花瓣尖晕染颜色，尖部深，花根处浅，再画出几根弧线点缀。（图7-75）

图7-75 花魁眼妆（梦琪 绘）

10. 桃花眼妆

整体以粉色调为主，绿色点缀，适合日常汉服的古风眼妆。（图7-76）

11. 翠鸢眼妆

整体以蓝色调为主，黄色点缀，是有个性、有妖气的古风眼妆。（图7-77）

12. 紫灵眼妆

整体以紫色调为主，蓝色点缀，是飘逸有仙气的古风眼妆。（图7-78）

13. 绿蕊眼妆

整体以绿色调为主，黄色点缀，是精灵可爱的古风眼妆。（图7-79）

图7-76 桃花眼妆（梦琪 绘）

图7-77 翠鸢眼妆（梦琪 绘）

图7-78 紫灵眼妆（梦琪 绘）

图7-79 绿蕊眼妆（梦琪 绘）

第五节 儿童摄影化妆造型

给儿童化妆有一定的规律可循，一般是妆容的浓度随儿童年龄的增大，而略有增加；女孩化妆的概率高于男孩；男孩在多数情况下，不需要化妆，即使要化妆，也要注意妆容不宜过浓。女孩拍摄前大多数都需要化妆，但是在化妆造型中，区别于成人，重要的是要突出儿童天真、活泼的性格。（图7-80、图7-81）

图7-80 女孩妆

图7-81 男孩和女孩妆容的区别

一、唇部化妆

唇部忌用鲜艳的色彩，也不必刻意地去描绘唇形，色彩应选用能表现自然红润唇色的色调，否则会失去童真。（图7-82）

二、略加修饰的部位及提示

有些部位如眉毛、脸颊等，以"点到为止"为准则。若是眉毛稀疏或较淡，可将眉毛稍刷浓。脸颊乃"非重点部位"，只要利用粉嫩的腮红，淡淡地刷几下即可。（图7-83、图7-84）

图7-82 唇妆

图7-83 眉妆

图7-84 腮红

（一）大眼睛

眼神较生动的儿童，眼部化妆的浓度较一般的儿童要淡得多，一般只要用上淡淡的咖色或深肤色的眼影即可，否则会显得太夸张。（图7-85）

（二）男孩尽量不要化妆

男孩尽量不要化妆，尤其是大一点的男孩（这一点正好与女孩相反）。如果非化不可，也要比女孩淡一些，以化妆的痕迹不明显为原则。一般来讲，男孩在这几种情况下需要化妆：肤色不太好，眉毛太稀疏或太淡，脸上有疤痕等明显缺陷。（图7-86至图7-88）

另外，儿童尽量不要在眉心点上红圆点，这种妆法很俗，会显得没有品位。除非有自己的地方习俗，比如印度。

图7-85　眼部妆容　　　　　　　　图7-86　男孩淡妆

图7-87　男孩妆容1　　　　　　　　图7-88　男孩妆容2

（三）粉底尽量薄

儿童妆的粉底，尽量要薄，否则会显得成人化。如果肤色可以，脸上又没有什么"缺憾"，就不要用粉底。（图7-89）

（四）天真的原则

在化妆过程中可刮掉一些散碎的眉毛，但不要修眉。

（五）涂儿童乳液

可涂少许儿童乳液，如透明的粉底，使皮肤颜色光滑透明。

（六）上定妆粉

眉毛用黑色或灰色眉粉轻扫几下，眼影以绿色、黄色、棕色、粉色为主，眼线的颜色以咖色为主，不凸起、不夸张，睫毛自然上翘，腮红以娃娃妆腮红为主，口红可以选择颜色较浅的粉色。（图7-90）

图7-89　薄粉底妆　　　　　　　　　　图7-90　女孩淡妆

第八章
影视化妆造型设计

章节前导
Chapter preamble

化妆在现代生活中扮演着重要的角色，尤其是在20世纪50年代后期，随着彩色电影和电视的兴起，化妆观念经历了一场革命。从此之后，化妆师不再依赖于画面光和黑白影来调节效果，而是通过色彩的语言来表达思想。

影视化妆作为综合性影视艺术创作的重要组成部分，是构建剧中人物性格特征的核心因素。与舞台化妆不同的是，影视化妆要求更加真实自然，追求极致的逼真感。根据剧本中不同的年代、种族、职业、性格、性别等的要求，影视化妆需要更加精准地呈现、深入刻画剧中的人物形象。当演员在剧中扮演角色时，将完全融入另一身份，而所处的年代、社会地位、穿着的服装以及周围的人群都将影响演员的面部表情。因此，化妆师需要灵活运用影视化妆技巧，通过整体妆面来完美呈现角色。影视化妆通过银幕和屏幕呈现造型和肤色，其造型需要透过镜头表现人物的特写、中景和近景，将观众带到演员近距离观察的体验中。影视化妆对于技术创作和表现要求更加真实、生动、细致。见下图。

妆前妆后造型对比（王正荣）

学习目标

素养目标：
1. 具备一定的审美与艺术素养；
2. 具备一定的语言表达能力；
3. 具备一定的沟通能力；
4. 具备良好的职业道德；
5. 具备敏锐的观察力与快速的应变能力；
6. 具备较强的创新思维能力。

知识目标：
1. 了解使用化妆产品及工具进行老年人物化妆造型的方法；
2. 了解通过化妆准确表达角色造型并符合要求的方法；
3. 了解独立完成化妆造型的完整过程。

技能目标：
1. 学会使用化妆产品及工具进行老年人物化妆造型；
2. 通过化妆准确表达角色造型并符合要求；
3. 独立完成化妆造型全过程；
4. 按照角色定位要求完成发型造型。

第一节 老年妆造型表现与应用

一、老年妆的特点

影视老年妆是一门复杂而精致的艺术，旨在通过巧妙的化妆技术在电影和电视作品中栩栩如生地呈现人物的年龄特征。在这个过程中，我们需要深刻理解并巧妙运用以下特点：

老年妆的显著特征包括展现苍老感、花白的头发、清晰可见的皱纹，以及下垂的皮肤肌肉。在电影和电视剧中，为了生动地表达老年人物的形象，通常会运用光影效果，创造出憔悴和瘦削的人物形象。这不仅关乎皮肤的变化，还包括眼睛的下陷、太阳穴和前额的凹陷，以及牙齿的松动可能导致的双唇下陷。皮肤的色泽需要变得苍白且不均匀，头发、睫毛、眉毛则需呈现花白的状态。这一过程需要通过化妆技术来巧妙地呈现。法令纹、眼窝内陷，以及牙床的突出都是需要特别关注的部分。（图8-1）

图8-1 妆前妆后对比（王正荣）

二、老年妆的显著特征与化妆技术的运用

1. 展现苍老感：通过对表情线条和面部结构的处理，呈现真实的老年感，注重岁月痕迹的细腻表达。

2. 花白的头发：运用化妆品的调色技巧，使头发呈现自然的花白状态，考虑颜色层次和过渡的细致处理。

3. 清晰可见的皱纹：突出皮肤的细微纹理，通过阴影和高光表现因年龄带来的皱纹变化，保持自然贴合。

4. 眼睛的下陷：运用眼影和眼线，突出眼窝的阴影，使眼睛显得更为深邃，增加下陷感。

5. 太阳穴和前额的凹陷：通过精准的阴影处理，呈现太阳穴和前额的凹陷效果，使妆容更加逼真。

6. 牙齿的松动和双唇下陷：运用有特殊效果的化妆品，呈现牙齿松动和双唇下陷的细节，注重表现口部的老年特征。

7. 皮肤色泽的苍白且不均匀：通过调整底妆的色调，使皮肤呈现苍白且不均匀的效果，强调老年人的肤色特征。

8. 精准的阴影和高光处理：运用阴影和高光技巧，突出面部的凹凸感，创造出更为立体的老年妆效果。

9. 细致处理眼部特征：注重眼部的细节处理，包括眼窝的深化、眉毛和睫毛的花白表现，使眼睛看起来更接近人物的年龄。

10. 睫毛、眉毛的特殊处理：使用专业化妆道具，呈现睫毛、眉毛逐渐变白的自然过渡，保持自然和真实感。

三、面部结构

三凸：眉弓骨、颧骨、下巴。三凹：眼窝、颊骨、脸颊。

三凸三凹妆前妆后对比。（图8-2）

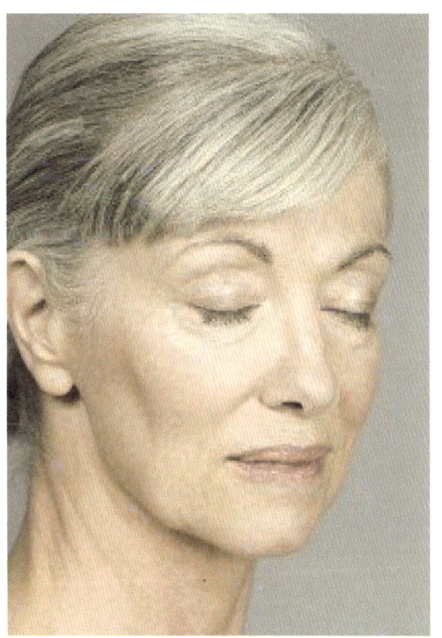

图8-2 三凸三凹妆前妆后对比

四、面部的部位（图8-3）

①抬头纹　　　　⑤颧骨　　　　　⑨眉弓骨
②颞骨　　　　　⑥下颌骨　　　　⑩法令纹
③眼尾纹　　　　⑦眉间纹　　　　⑪口轮匝肌
④眼轮匝肌　　　⑧鼻根横纹

眉弓骨
颞骨
眼尾纹
眼轮匝肌
颧骨
法令纹
下颌骨

抬头纹
眉间纹
鼻根横纹
口轮匝肌

图8-3 面部需要修饰的部位（朱建忠 摄）

五、老年妆的表现技法

1. 乳胶吹皱法：通过真实而贴合脸部结构的技法，突出细纹效果。尽管相对耗时，但能准确展现眼角、泪囊、脸颊、鼻子、前额眉间、太阳穴和颈项等部位的皱纹走向。多次涂抹吹皱，确保效果真实且细致。（图8-4）

2. 物件粘贴法：利用建立在特效化妆技法上的辅助手段，使用各种特殊的化妆物件，如人工皱纹假皮、胶片、假发片等，通过将物件粘贴在演员的面部或身体上，以达到突出特定细节和增加逼真度的效果。这些物件可以栩栩如生地模拟出皮肤的质感、皱纹、发际线等细节，使得妆容更加真实和立体。（图8-5）

3. 立体塑形法：又称为特效化妆，通过特殊技术和材料使人物脸部或身体呈现更加真实、具体的效果，逼真而复杂。通过翻模、倒模、雕塑、塑形等过程完成立体塑形假部件，然后进行粘贴固定、上色和细节描绘，最终定妆，以获得更逼真的效果，尤其适用于影视行业。（图8-6）

4. 绘画化妆法：相对容易掌握，操作迅速，特别适用于舞台表演。通过巧妙的画笔运用，能够快速实现老年妆的效果，是一种实用且高效的技术手段。（图8-7）

选择适合个人风格和作品需求的技法至关重要。乳胶吹皱法注重真实感，物件粘贴法和绘画化妆法适合追求灵活性和效率的舞台表演，立体塑形法追求更高逼真度。

无论选择何种技法，理解和尊重角色的年龄特征至关重要。通过不断实践和调整，逐渐熟练掌握各种技法的运用，是学习老年妆的关键。

图8-4　乳胶吹皱法（王正荣）

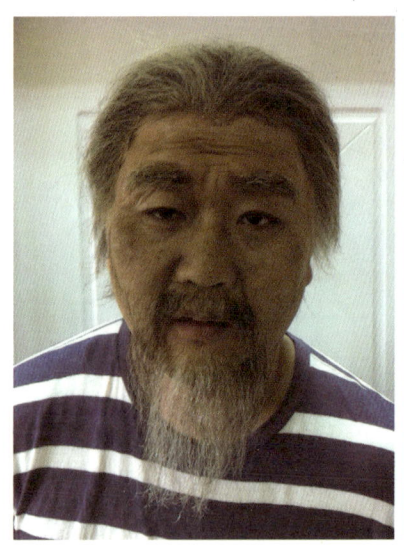

图8-5　物件粘贴法（王正荣）　　图8-6　立体塑形法（杨明建）　　图8-7　绘画化妆法（王正荣）

六、老年妆的画法步骤

在学习创作老年妆的过程中，以下步骤将引导你达到出色的效果。

1. 皱纹的描绘：皱纹是凸显老年特征的关键，产生于面部运动的自然过程中。个体经历和性格的差异导致不同的表情活动，因此每个人的面部皱纹也各具特色。对于乐观向上的个体，鱼尾纹可能较为淡雅，眉间纹可能几乎消失。而精神压力较大的人，则可能在额头和眉间形成深刻而坚实的皱纹。唇沟则呈现出弧形向外展开，给人一种慈祥可亲的印象。这些细致入微的变化，都是呈现老年特征的重要步骤。（图8-8）

2. 眉眼的处理与呈现：在老年妆的塑造中，眉毛和眼睛的处理至关重要。一般而言，老人的眉毛相对较为稀疏。除了对眉毛进行线条和阴影的处理外，还需要根据角色的特定要求突出眼睛的表现。内眼角稍高于本来结构，外眼角往下拉长一些，刻画眼尾下垂效果，下眼线可画得柔和，眼线的颜色应选择较为淡雅的色调，以符合老年妆的整体效果。避免使用过于深沉或突兀的颜色，创造更自然的老年眼部妆容。（图8-9）

3. 口红的选择，头发、胡子等的处理：老年人的特征除了皱纹、眉毛外，还有就是唇部、胡子、头发的处理。老年妆的口红应用红棕色，口形要松散。对于男性老年妆，可通过加上胡子，或使用化妆道具增添白发效果，使整体造型更贴合老年特征。（图8-10）

图8-8 皱纹描绘　　　　　　　　　图8-9 眉眼的呈现

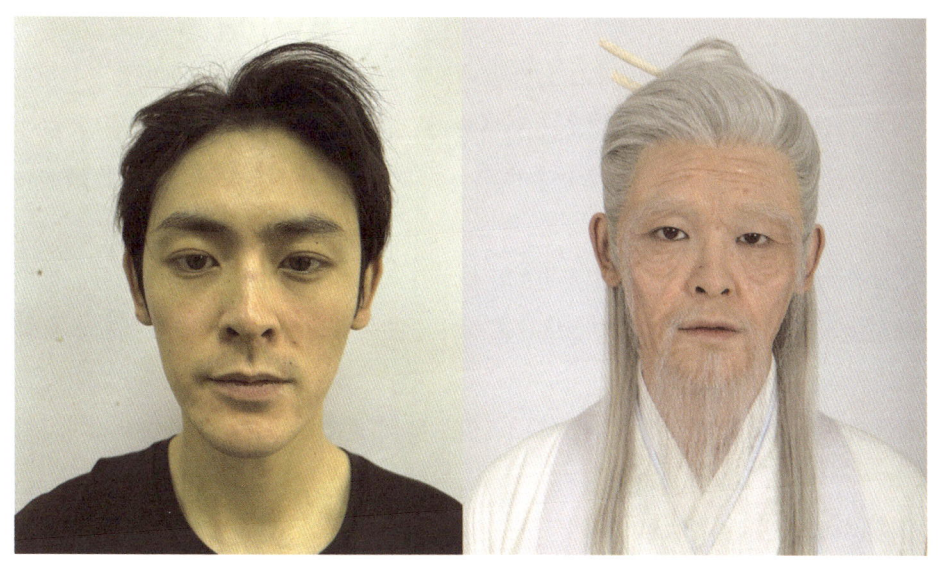

图8-10 头发和胡子妆前和妆后的对比（毛勇林）

4. 定妆：定妆是关键一步，确保整体妆容自然协调。选择专业的定妆产品，确保妆容持久。

5. 整体效果调整：老年妆还可以染白鬓角及头发，并配上假发套、围巾、帽子等老年装饰。完成老年妆后，评估整体效果，进行必要的微调和修饰，确保符合设计的预期效果。（图8-11）

这些步骤旨在灵活运用技巧，根据剧情、角色特征和表演需求，创作出栩栩如生、令人信服的老年角色形象。

图8-11　整体效果（谢思琪）

七、运用乳胶吹皱法打造老年妆

乳胶吹皱法是专业化妆师在打造老年妆容造型中的关键技能。随着时间推移，老年人肌肤刻上了许多岁月的痕迹，而通过学习乳胶吹皱法，化妆师能够精准地模拟皮肤上的细微变化，如眼眶凹陷、法令纹加深等，为妆容注入更为逼真的老年特征。（图8-12）这种专业技能的学习对于提升化妆师的技术实力和创作水平至关重要。深刻理解老年妆容的特色，不仅是一门技艺，更是对岁月沉淀的艺术解读，为化妆师赋予了更高层次的审美观和艺术素养。

图8-12　乳胶吹皱法打造老年妆

（一）材料工具

1. 硫化乳胶：选择皮肤色或适合底妆遮盖的乳胶。
2. 化妆海绵：用于涂抹乳胶。
3. 吹风机：用于加速乳胶的干燥。
4. 底妆产品：包括遮瑕膏、粉底和透明散粉。
5. 化妆刷和海绵：用于上色和涂阴影。
6. 油彩：勾画老年状态的肌肉结构。
7. 彩妆化妆品：如灰色眼影、眉笔，用于模拟老年皮肤的颜色。

（二）操作步骤

1. 基础准备：确保皮肤干净整洁，以便乳胶能够附着良好。将头发固定好，避免干扰操作。

2. 勾画老年状态的肌肉结构：准确的阴影和线条描绘是关键，注重眼眶凹陷、眼袋凸出、法令纹、脸颊凹陷等肌肉块面的刻画，突出眼眶下方的骨骼和眼袋区域的脂肪，强调法令纹及在脸颊下方加深阴影。

3. 涂抹乳胶：使用化妆海绵涂抹乳胶在想要模拟皱纹的区域，比如额头、眼角、嘴巴周围等。可以在不同部位使用不同厚度的乳胶，以模拟不同深浅的皱纹，需要注意的是在涂抹乳胶时，尽量使皮肤处于紧致状态。

4. 干燥乳胶：使用吹风机在低温挡位下轻轻吹干涂抹的乳胶，确保它完全干燥，使用散粉及时进行定妆，突出强调皱纹细节。

5. 上色和底妆：使用底妆刷，涂抹适当颜色的底妆产品，覆盖整个面部，包括乳胶涂抹的区域。这将为后续的化妆提供一个平滑的表面。

6. 细节刻画：使用灰色眼影、眉笔等化妆品，为皱纹区域添加颜色，使其看起来更加自然。

7. 上色和阴影：使用化妆刷和海绵，在老年妆化妆区域添加适当的颜色，强调深浅不一的皱纹，同时可以使用深色眼影进行阴影处理，使皱纹更立体。

8. 定妆：使用透明散粉轻轻定妆，确保妆容持久。

9. 整体调整：仔细审视整体效果，根据需要微调颜色和阴影，使妆容更加逼真。老年妆还可以染白鬓角及眉毛，贴假胡须、假发套进行修饰，确保符合角色设计的预期效果。（图8-13至图8-15）

将眼角皮肤拉紧，涂抹乳胶　　吹干乳胶，用散粉定妆　　产生皱纹处塑皱

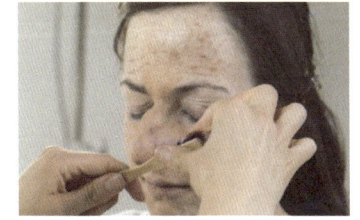

上色调整皮肤状态　　调整眉毛的颜色　　塑造完成

图8-13　乳胶吹皱法步骤图

图8-14　整体妆后　　图8-15　卸妆

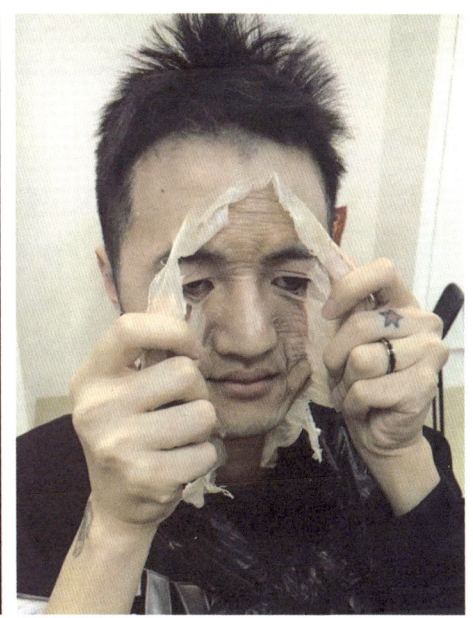

八、思考与讨论

1. 影视化妆与舞台化妆有哪些区别？为什么影视化妆要求更加细腻、贴近真实生活？
2. 为什么演员在影视中扮演角色后，影视化妆师需要考虑年代背景、社会地位、服装等因素进行整体妆面处理?

3. 阅读一篇关于特效化妆的文章,了解物件粘贴法和立体塑形法的实际应用。分享你的阅读体会,探讨这些技法在影视化妆中的优劣势。

九、学生作品展示

学生作品展示如图8-16至图8-28所示。指导教师为谢思琪。

图8-16 老人妆作品1(周雷)

图8-17 老人妆作品2(戴独好)

图8-18 老人妆作品3(戴佳佳)

图8-19 老人妆作品4(郭怡淳)

图8-20 老人妆作品5(吴平凡)

图8-21 老人妆作品6(王雨佳 吴平凡 余沛霖 叶润桉)

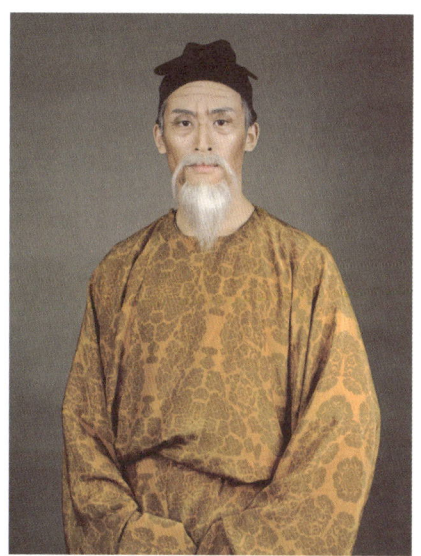

图8-22　老人妆作品7（杨清文） 　　图8-23　老人妆作品8（张骄）

图8-24　老人妆作品9（吴平凡）

图8-25　老人妆作品10（邱诗婷） 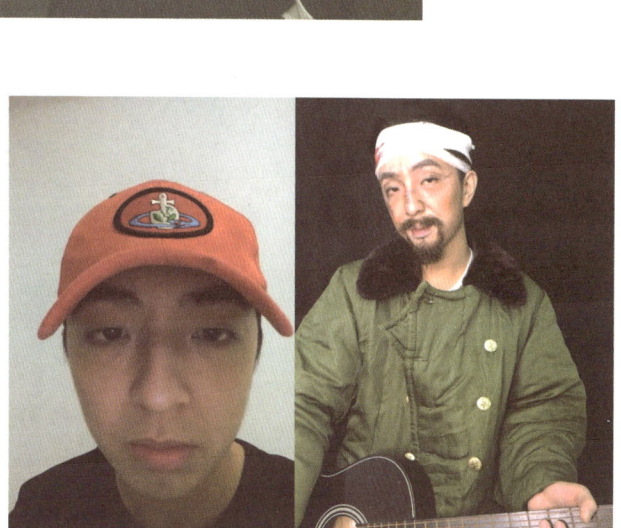　　图8-26　老人妆作品11（王茹）

图8-27　老人妆作品12（盛世豪） 　　　图8-28　老人妆作品13（王馨珮）

第二节　黑人妆造型表现与应用

（一）底色

用较深底色打底。因深色底难推匀，所以要在底色上多下些功夫。（图8-29）

（二）结构

根据黑色人种特点，如颧骨外扩、鼻根扁平、眉弓和框上缘突出等，通过提亮和加暗影色找出面部结构和轮廓，用质地细腻、溶彩略带闪光的暗影色提亮肤色，用比底色更暗的修容粉修饰。人的皮肤都有一些差异，哪怕是黑人妆，黑的程度也有不一样的。这里举例一个比较深颜色的妆容。（图8-30至图8-32）

图8-29　影视中黑人妆造型

第八章 影视化妆造型设计

图8-30 黑人妆化妆过程图1（朱建忠 摄）

用化妆棉把上粉底液的地方压一压。

图8-31 黑人妆化妆过程图2（朱建忠 摄）

用粉扑均匀蘸上定妆粉后轻轻按压要定妆的区域，没均匀的地方再用海绵轻轻拍匀。

图8-32 黑人妆化妆过程图3（朱建忠 摄）

（三）眼睛

眼睛画大画圆，加宽上下眼线并拉长下眼线，原下睫毛线下方点内侧填充蓝色眼影或油彩，增加眼白范围使眼睛变大变圆，黑色人种双眼皮宽而明显，粘贴美目贴使之变大，眼影色宜选鲜艳和带珠光的，因暗色皮肤好衬托出亮色假睫毛，要使用长而浓密型画法。（图8-33至图8-37）

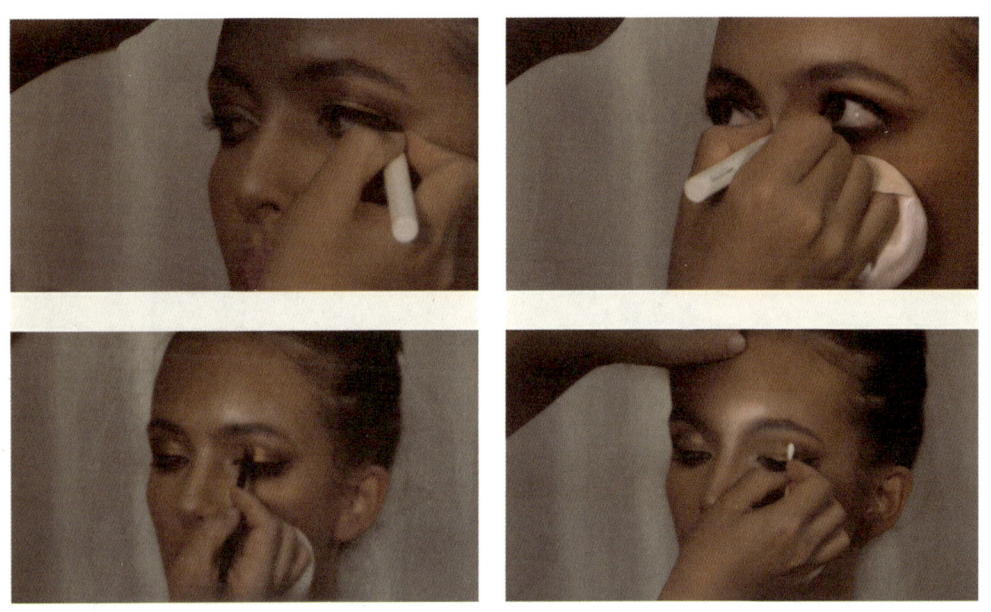

画黑人妆的眼线可以用黑色眼线笔，这样眼线更明显，眼头也稍微带一点。补一点金色散粉在上眼睑，再用棉签轻轻擦掉。

图8-33 眼妆1（朱建忠 摄）

用棕色系眼影在眼尾画出一个倒钩的形妆，顺至眼窝位置，从睫毛根部的外眼角向眼窝晕染，少量多次叠加，可适当浓一点，再叠一层橘红色在眼尾处，勾出倒钩线，另一边眼睛重复以上动作即可。再蘸一点金粉扫在上眼睑，增加妆容的金属感，用干净的大刷子轻轻扫掉脸上金粉。

图8-34 眼妆2（朱建忠 摄）

第八章 影视化妆造型设计

蘸取散粉轻扫鼻子两侧，再扫下眼角和下眼睑位置，再用干净的大刷轻扫鼻头。

图8-35 眼妆3（朱建忠 摄）

让模特的眼睛向下看，用睫毛夹夹翘睫毛根部，在上眼线附近涂上睫毛胶水，等18秒左右再贴上假睫毛。眼睛向下看，先贴中间，再贴眼头眼尾，用睫毛同色的眼线笔画眼线，将胶水的颜色盖住，眼尾拉长。

图8-36 眼妆4（朱建忠 摄）

使假睫毛和真睫毛一起往上翘

图8-37 眼妆5（朱建忠 摄）

（四）眉毛

眉毛要画黑些密些，眉形要有立体感，眉间距较宽。眉形要往上挑，眉毛需一笔一笔画，才能以假乱真。用眉刷蘸取眉毛定型液，将眉毛向上刷，增加眉毛的原生感，然后再用眉笔增加细节。（图8-38、图8-39）。

图8-38 眉毛化妆步骤1（朱建忠 摄）

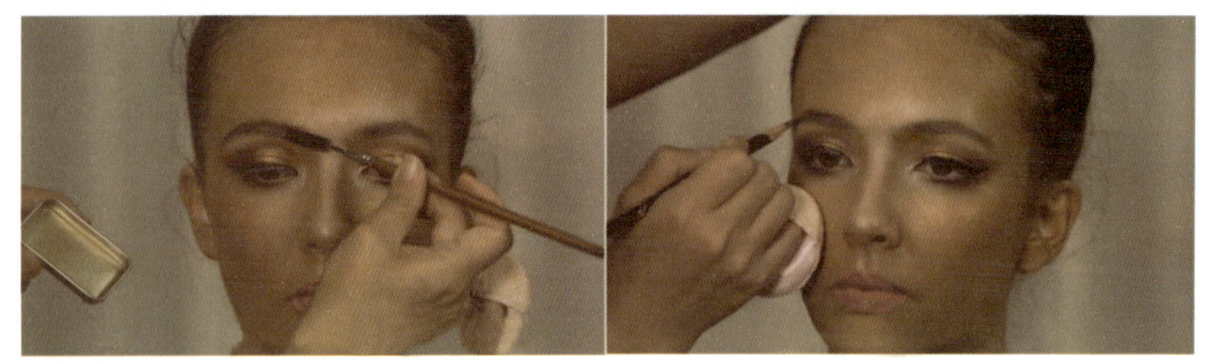

图8-39 眉毛化妆步骤2（朱建忠 摄）

（五）鼻子

黑色人种鼻根低，鼻翼宽大，要画修长。用比粉底色深一号色的修容粉，修饰鼻梁及眉弓位置。黑人妆更注重五官的立体感，可以用修容粉在唇下方修饰，可让唇部更加丰满，两颊也修饰一下，让脸部从视觉上缩小。（图8-40）

图8-40　黑人妆造鼻子细节（朱建忠　摄）

（六）嘴唇

用棕色唇线笔画出大而丰满的唇形，可在原有唇形上下外扩，用唇刷蘸上鲜艳的唇膏填充，在深色唇线外缘加一层白色或肉色唇线并与周围肤色适当融合，使嘴唇有外翻感觉。用浅一号色在唇上叠加一层颜色，再用橘色腮红扫在唇峰位置，降低唇峰的亮度，再蘸点金粉涂在唇上增加金色感。（图8-41、图8-42）

图8-41　黑人妆造嘴唇细节1（朱建忠　摄）

图8-42 黑人妆造嘴唇细节2（朱建忠 摄）

（七）腮红

使用大红或玫瑰红一方面表现肤色黝黑的质感，另一方面用来调整颧骨位置。用腮红刷蘸一点腮红，在颚骨的连接侧位处轻扫形成一个三角形，并扫均匀。（图8-43）

黑人妆造完成图如图8-44至图8-47所示。

图8-43 黑人妆造腮红细节（朱建忠 摄）

图8-44 黑人妆造完成图1（朱建忠 摄） 　　　　图8-45 黑人妆造完成图2（朱建忠 摄）

图8-46　黑人妆造完成图侧面1（朱建忠　摄） 　　　图8-47　黑人妆造完成图侧面2（朱建忠　摄）

黑人妆作品展示如图8-48至图8-52所示。

图8-48　黑人妆作品1（范优妮） 　　　图8-49　黑人妆作品2（卜廷廷） 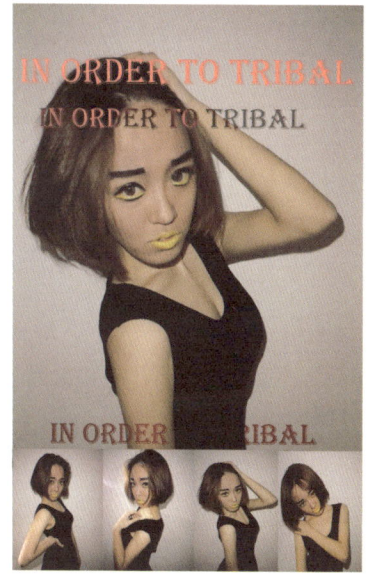　　　图8-50　黑人妆作品3（杨婷）

图8-51　黑人妆作品4　（蔡菲菲） 　　　　图8-52　黑人妆作品5（谢思琪）

第三节　演出特效妆造型表现与应用

在广阔的化妆领域中，骷髅妆以其独特而引人注目的形式在影视化妆中占据着特殊地位。随着时代的发展，骷髅妆逐渐演变出时尚型的变种。与传统的基础画法相比，时尚骷髅妆更能吸引年轻人的关注，尤其适用于视觉系演出的装扮。（图8-53、图8-54）作为影视化妆领域中的独特表现形式，骷髅妆是一门融合科学、艺术和时尚的综合艺术，它不仅要求化妆师对人体骨骼结构有深刻的了解，还需要拥有独创性的创意表达能力，以及紧跟潮流的时尚感知。

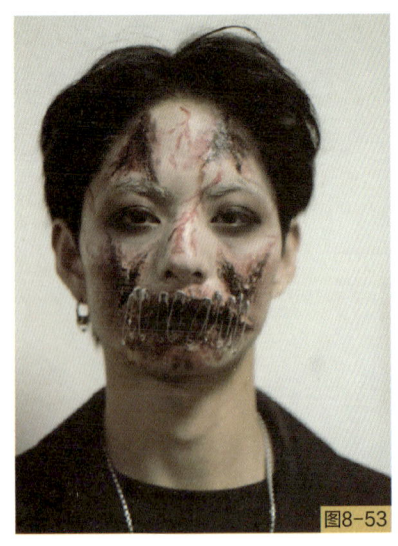

图8-53
演出特效妆（骷髅装）1

图8-54
演出特效妆（骷髅装）2

本节致力于深入研究演出特效妆的制作过程，探讨时尚骷髅妆的创新设计，激发学生对创意美学的兴趣，并深入剖析骷髅妆在影视行业中的关键应用。

学生在学习的过程中将不仅仅习得技能，更能深刻领悟艺术表达和创新设计对于化妆艺术的重要性。本节的学习，旨在培养学生在创作中的独立思考和创新能力，使他们在未来的职业生涯中能够在艺术的道路上保持专业领先。

一、头部骨骼造型解析

头部骨骼造型是化妆师必须掌握的基础知识。只有对头部结构有深刻了解，才能在人物形象的塑造中做到有的放矢。头部由23块骨骼组成，分为脑颅和面颅两大部分。其中，脑颅部分8块骨骼，面颅部分15块骨骼，除了下颌骨能活动外，其他骨骼都是固定的，它们一同形成一个坚固的颅腔。眼眶以上是额骨，额骨以上是顶骨，两侧向后与颞骨相连。颧骨上连接额骨，下接颌骨，横贯耳孔。上颌骨形成牙床，鼻骨构成鼻梁，眼眶环绕颧骨，鼻骨位于额骨之中。下颌骨呈马蹄形，上端与颞骨部分连接，通过咬肌的作用，能上下活动，颅骨本身则是固定的。头骨的起伏形成了形体上的变化，是表现造型特征的主要区域，特别是凸起的骨点，更是造型的重要标志。（图8-55）

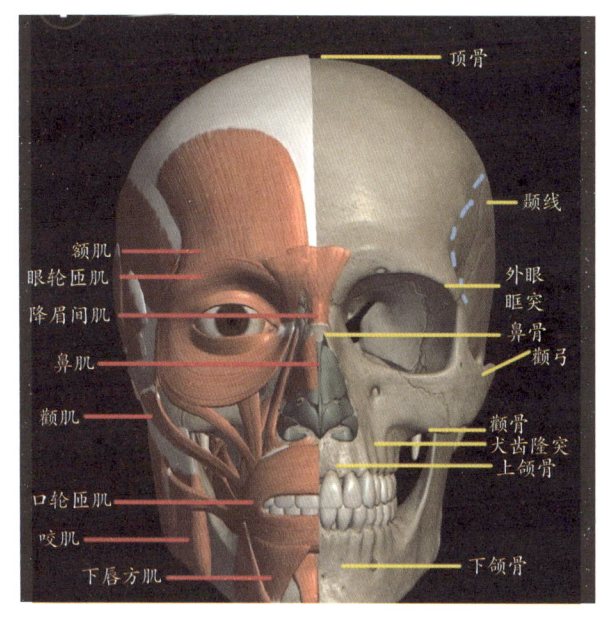

图8-55　头骨结构剖析图

脑颅：眉骨以上，耳后整个部分称为脑颅。脑颅部分共8块骨骼，包括一块额骨、一块枕骨、一块筛骨、一块蝶骨、一对颞骨和一对顶骨，共6组骨骼。额骨在前，枕骨在后，蝶骨位于颅底的中央，两侧为颞骨。额、枕、顶、颞四骨都有一部分向上弯，组成颅腔的前、后和侧壁，并和上方的顶骨共同构成颅盖。（图8-56）

额骨：也称为前额骨，位于头颅部，具有明显的凹凸特征。（图8-57）

额丘：左右各一，为圆丘状的隆起。

眉弓：位于额丘下面，位于眶上缘内半部。随着年龄增长，眉弓的凸起变得更加明显。

眶上：在额丘下方，向左右延伸并与颧骨的额蝶突相接形成眶外缘。

额沟：位于额丘与眉弓间的浅沟。

眉间：两眉弓间有一个小金字塔形的平面。

顶骨：位于颅顶中线两侧，左右各一，形成了脑颅的圆顶。

顶结节：在顶骨中央，微微隆起是方头和长

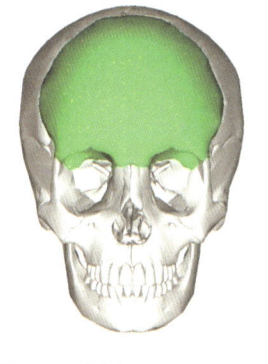

图8-56　脑颅 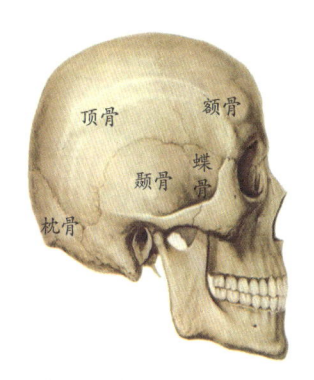　　　图8-57　额骨

头的标志。

颞线：在头顶两侧，前接额骨的颞线。

枕：位于头的后部，平躺时枕枕头的部位，呈勺状，构成颅底，故称枕骨。

颞骨：左右各一，于颅两侧，其前方与蝶骨衔接形成太阳穴。

蝶骨：在颅中部，枕骨前方形似蝴蝶，与脑颅各骨均有连接。

筛骨：位于蝶骨前方，额骨下方和左右两眼眶之间，为含气的海绵状轻骨。

面颅：位于头的前下方，在眉以下、耳以前。有维持面型、保护感觉器官（如眼、鼻、耳、口）的作用。面颅共15块，包括：两块上颌骨、两块鼻骨、两块泪骨、两块颧骨、两块下鼻甲骨、两块腭骨、一块下颌骨、一块犁骨和一块舌骨。（图8-58）

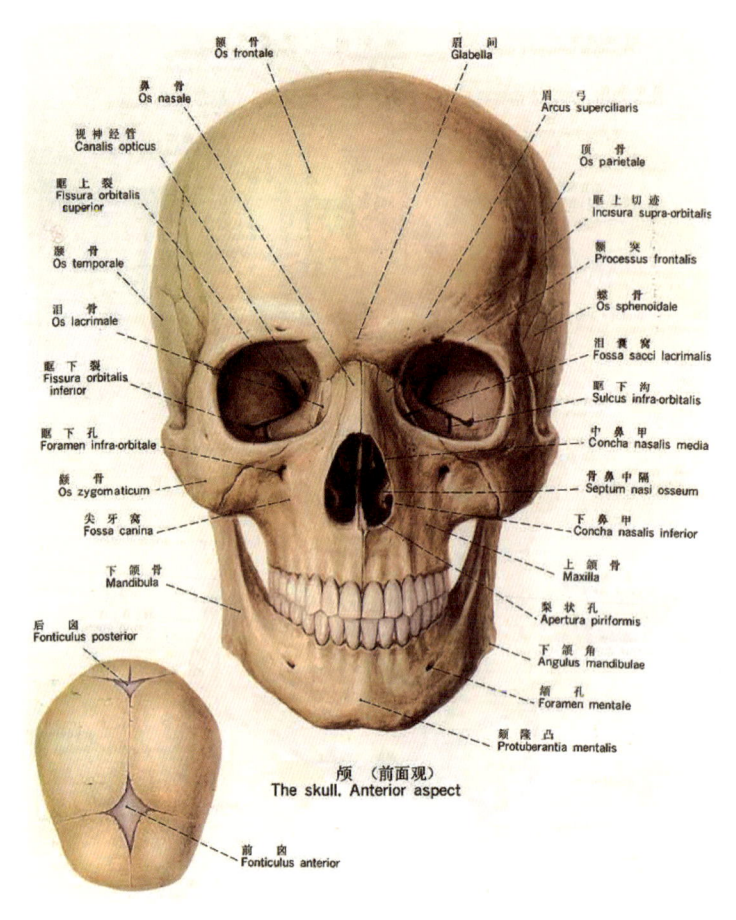

图8-58 面颅

上颌骨：位于面部中央，上端与鼻骨相连，下端缝合，形成鼻部软骨所在的梨形孔，孔的下方就是上齿槽。

鼻骨：位于额骨下缘，两块上颌骨的额突中间，左右各一，各成不等边四边形，倾斜架构成鼻梁，下接软骨成鼻骨。

泪骨：位于眶内侧的前部，为一小而薄的骨片，参与构成泪囊窝。

颧骨：在面部两侧，左右各一，为不规则的菱形，形成两侧突出的面颊。

下鼻甲骨：位于鼻腔的外侧壁，薄而卷曲，贴附于上颌骨的内侧面。

腭骨：位于上颌骨的后方，参与构成骨腭的后部。

下颌骨：是一块与面颊分离的骨骼，在面部正前下方是马蹄形中央部分，称作下颌体。下颌体的下缘叫下颌底。两边向上突出的部分为角下颌支，正中的下颌体部分俗称下巴颏。

犁骨：为垂直位呈斜方形骨板，构成骨性鼻中隔的后下部。

舌骨：位于颈前部，介于舌和喉之间，与其他颅骨之间仅借助肌和韧带相连。舌骨呈"U"形，中央为体，自体向后外方伸出一对大角，体和大角结合处向上伸出一对小角。

面部结构图见图8-59。

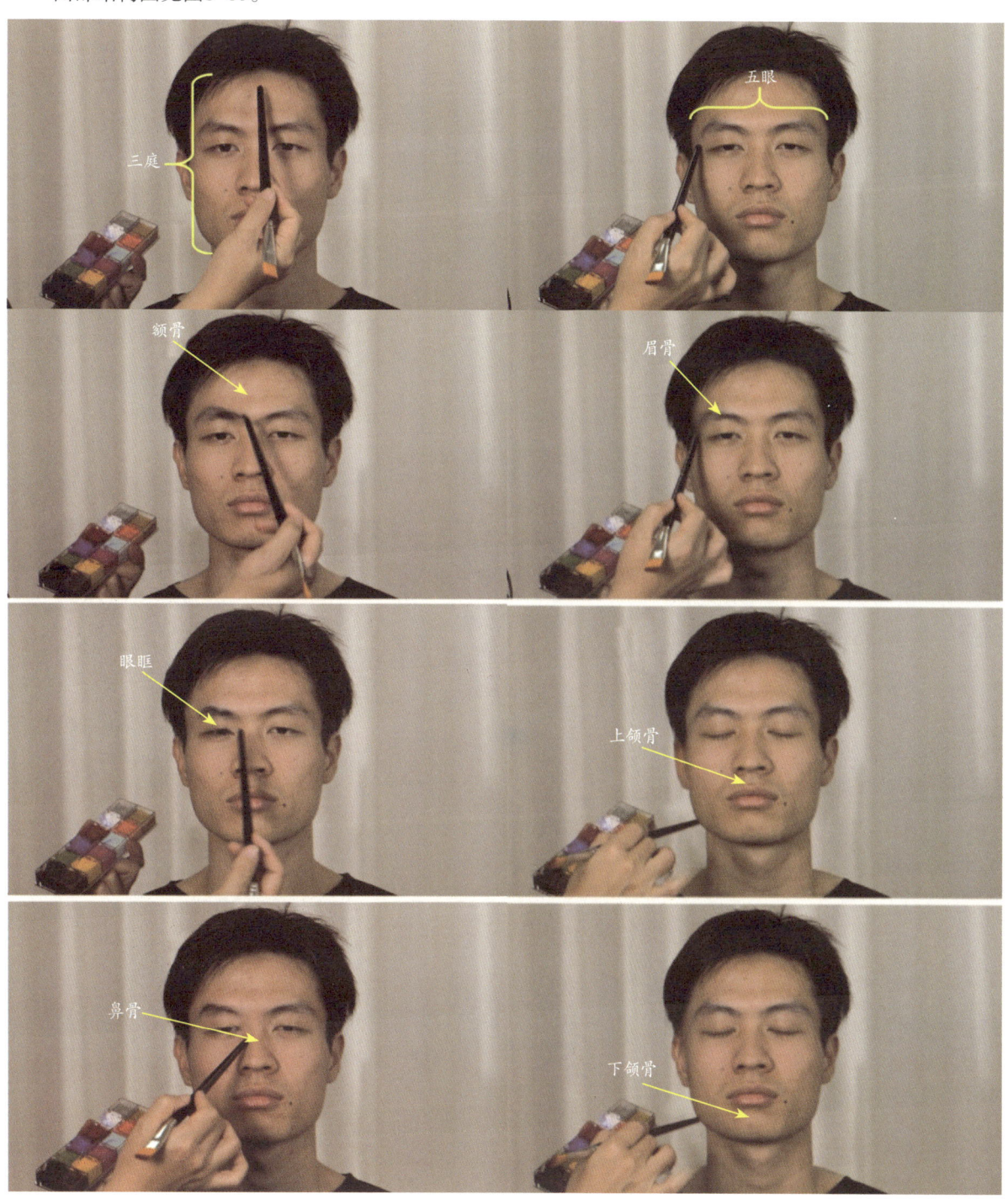

图8-59　面部结构图（朱建忠　摄）

二、骷髅妆画法

找轮廓，确认每块骨骼位置。首先在额部用手指触摸，确认每块骨骼的位置后在边缘处用浅色笔画上记号。（图8-60）

第一步：画好边缘线的点之后，用较浅的眉笔把每块骨骼的外形边缘用线条连起来。（图8-61）

第二步：用深色的眉笔再重点地加深所画的线，使骨骼形状棱角分明。（图8-62）

第三步：遮盖眉毛。有的演员眉毛比较浓密，可以使用少量的酒精胶水，从眉头到眉梢涂上胶水，停留片刻后用塑形刀把眉毛轻轻按在眉骨上，再用肤蜡将眉头到眉梢完全覆盖，这样就看不出眉毛的质感。（图8-63）

第四步：在凸起的部位涂抹亮色。在前额、鼻骨、颧骨、下颌骨等凸起的部位涂抹亮色。使用亮色不能用纯白色，在肉色中加少量白色即可。（图8-64）

第五步：在骨骼凹陷部位涂抹暗色，在骨骼与骨骼的衔接处涂抹阴影色。骨骼凹陷的最深处颜色最深。整个妆面颜色最深的部位是眼眶和鼻尖，黑洞般的眼眶突出了骷髅的效果，其他的部位深色依次为深棕色、棕色、浅棕色。深色过渡的颜色会产生立体真实的骨骼感。（图8-65）

图8-60　骷髅妆步骤1（朱建忠　摄）

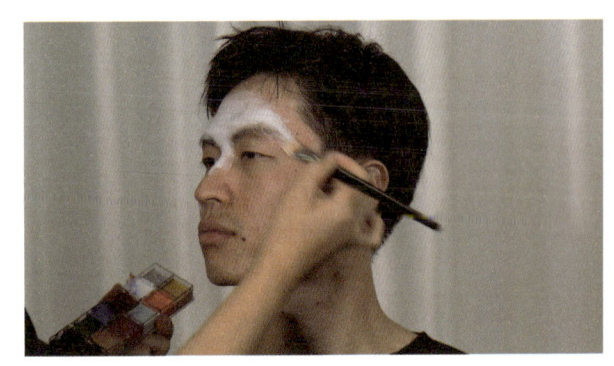

图8-61　骷髅妆步骤2（朱建忠　摄）

图8-62　骷髅妆步骤3（朱建忠　摄）

图8-63　骷髅妆步骤4（朱建忠　摄）

图8-64　骷髅妆步骤5（朱建忠　摄）

在骨骼缝隙处勾线时不要形成光滑顺服的曲线，骨骼缝隙处的线用于表现骨骼的衔接，具有虚实关系。勾线时线条应有轻重缓急，并且有的衔接处还可以使用暗色晕染，制造真实的骨缝效果。（图8-66）

第六步：画出牙齿。首先用肉色油彩把嘴唇原来的颜色遮住，用黑色的笔把牙齿的轮廓勾出来，上齿的上轮廓线不是平的，有一些起伏感。

图8-65 骷髅妆步骤6（朱建忠 摄）

在牙齿的轮廓线中涂上白色油彩，制造牙齿的立体效果，牙缝的部位颜色要略黑些。（图8-67）

第七步：刻画细节，配道具。结合素描黑白对比的技法，先把大的立体效果抓住，再运用色彩冷暖调子对比润色，重点刻画细节。（图8-68、图8-69）

图8-66 骷髅妆步骤7（朱建忠 摄）

图8-67 骷髅妆步骤8（朱建忠 摄）

图8-68 骷髅妆完成效果（朱建忠 摄）

图8-69 骷髅妆配道具效果（朱建忠 摄）

三、思考与讨论

1. 骷髅妆中，哪些骨骼部位对于突出骷髅形象起到关键作用？
2. 时尚骷髅妆相对于基础画法有何创新之处？如何吸引年轻人的关注？
3. 通过绘画、摄影、视频等方式，展示自己对骷髅妆的创意表达。

四、作品展示

创意骷髅妆作品展示如图8-70至图8-76所示。

图8-70 创意骷髅妆1(谢思琪 Johanna Kaleigh)

图8-71 创意骷髅妆2(谢思琪 Johanna Kaleigh)　　图8-72 创意骷髅妆3(俞苏妮)

第八章 影视化妆造型设计

图8-73 创意骷髅妆4（赵章庆）

图8-74 创意骷髅妆5（多人）（刘宏建　庄佳燕　冯琳　蔡双　吴桂含）

图8-75 创意骷髅妆6（杨清文）

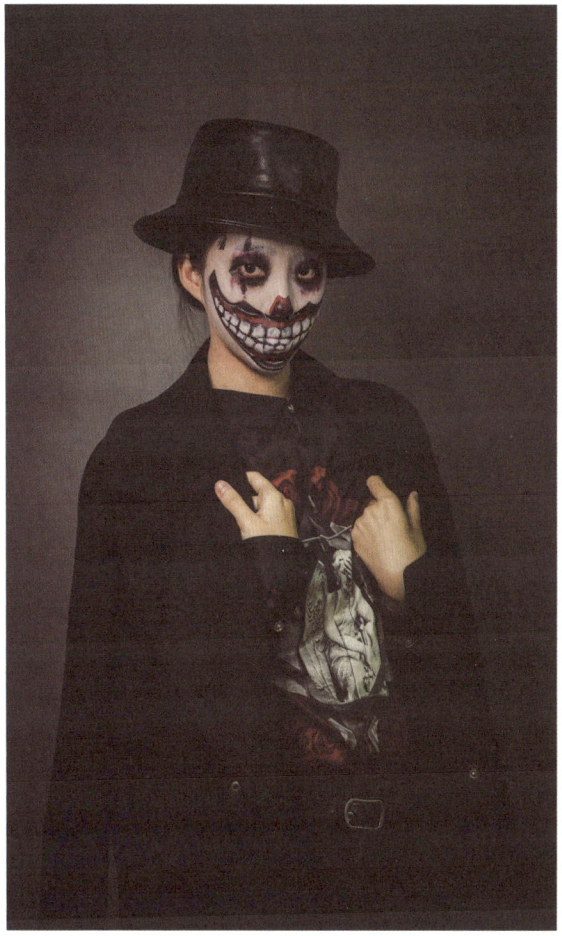

图8-76 创意骷髅妆7（赵章庆）

第四节 伤效妆造型表现与应用

在影视剧的魔幻舞台上,伤痕累累的主角、狰狞可怖的创伤往往能深深触动观众的心弦,让人为角色的遭遇感到心痛、怜悯。(图8-77)然而,这些逼真的伤痕并非真实的创伤,而是优秀化妆师的杰作。伤效妆造型,正是这一神奇领域的代表,通过巧妙的技巧和独特的艺术设计,将虚构的伤痕变为触目惊心的艺术之作。

伤效妆的独特之处在于它的双重属性——既是科学的表现,又是充满创意的艺术。(图8-78)一名出色的伤效化妆师不仅需要深刻了解人体结构和伤痕的形成机制,同时还需要在艺术设计上有超凡脱俗的眼光。这种独特的化妆技艺,使得角色在银幕上呈现出令人难以置信的真实感,为整个故事增色不少。

深入学习伤效妆造型,不仅仅是习得技术,更要对艺术表达和创新设计有深刻的领悟。了解伤效妆的制作过程,就像揭开一层层神秘的面纱,让化妆师在影视娱乐的舞台上更具创造力和独立思考能力。通过本节的学习,我们希望引导化妆师深刻理解伤效妆在影视中的独特地位与重要性,激发大家在未来职业生涯中追求更高创意的决心。让我们一同走进这个充满奇幻艺术的学习旅程,挖掘伤效妆背后的无穷魅力。

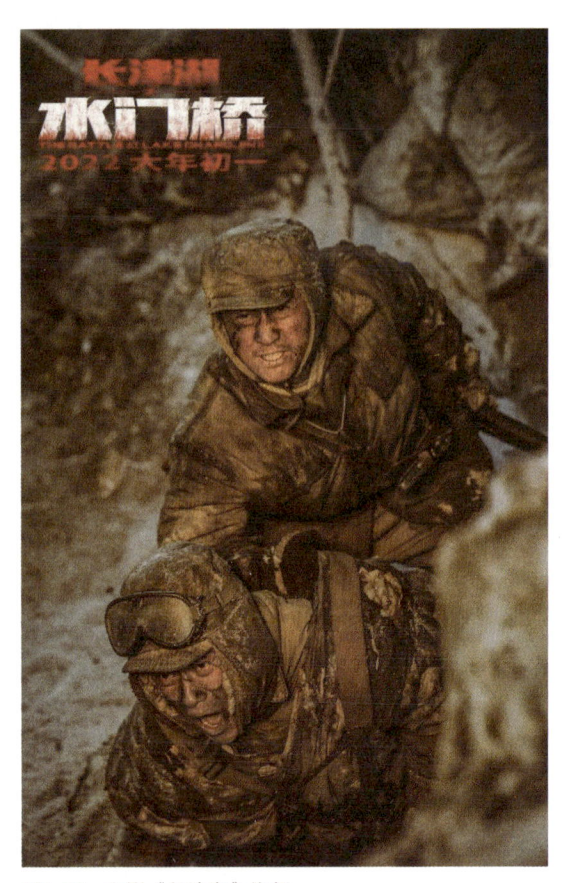

图8-77 电影《长津湖》海报

图8-78 电影伤效妆造型表现

一、伤效妆造型表现

（一）气氛化妆法

气氛化妆法是一种通过化妆手法精准表达并强调影视作品场景氛围的技术。在这种方法中，化妆师通过精心处理演员的脸部特征、肤色和妆容，确保他们与影片场景完美结合。这不仅需要对角色的深度雕刻，更要关注整体画面的协调一致，使演员在视觉上更好地融入影片的氛围。

气氛化妆法考虑了影片的主题、氛围、时间和背景等因素。通过巧妙运用妆容的明暗、色彩等手法，使人物的表情更符合情感需要，与场景气氛相得益彰。这种化妆法的成功运用，能够增强影片的表现力，让观众更深入地体验情节，产生更为真实的情感共鸣。（图8-79至图8-81）

图8-79 电影《荒野求生》剧照1 　　图8-80 电影《荒野求生》剧照2 　　图8-81 电影《荒野求生》剧照3

（二）塑形化妆法

凡采用可塑材料进行雕塑造型的一类化妆统称为塑形化妆。塑形化妆法着重于通过化妆来改变演员的五官形态，通过修饰、雕塑五官轮廓，使演员更好地呈现出特定人物的外貌特征。塑形化妆法在塑造历史人物、虚构角色，或者需要对演员进行年龄、性别等方面的转变时，发挥着关键作用。它要求化妆师有较高的技术水平，能够通过巧妙的化妆手法完成对演员角色的塑造。（8-82至图8-84）

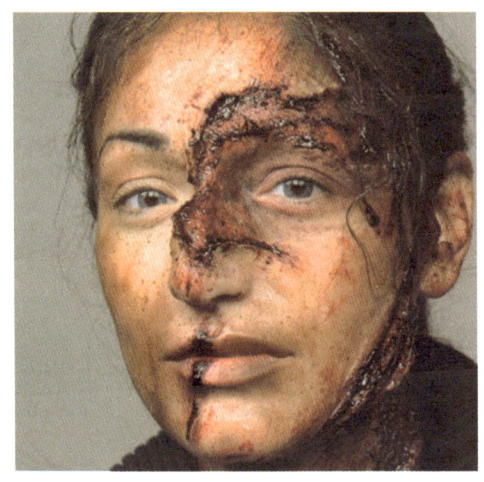

图8-82 塑形化妆法示例1（电影化妆学校） 　　图8-83 塑形化妆法示例2（电影化妆学校） 　　图8-84 塑形化妆法示例3（电影化妆学校）

二、伤效妆的制作材料

肤蜡：一种蜡状或膏状的物质，用于模拟皮肤的质感和颜色。通常是专业特效化妆师在影视、戏剧或特殊场合中使用的工具，用于模拟或修饰皮肤的不同特征，如皮肤质感、皮疹、伤痕等，以打造更真实、生动的化妆效果。具有质地柔软、可塑性好、细腻、操作方便等优点。（图8-85）

硫化乳胶：特效化妆中使用的硫化乳胶通常是一种特殊配方的乳胶，含有硫化剂，这种乳胶在应用后经过硫化反应会形成耐用的橡胶状材料，能够长时间保持形状和质地。以模拟和打造不同的皮肤纹理、疤痕或其他特殊效果。这种硫化乳胶可用于制作特殊效果的假体，如伤口、烧伤、瘢痕等，以及一些需要模拟皮肤质地的场景，如老年妆、变形妆等。（图8-86）

图8-85 肤蜡

图8-86 硫化乳胶

刀疤胶：一种特殊的乳胶产品，通常具有较浓稠的质地，适用于模拟深度伤口或瘢痕。刀疤胶在涂抹后可以通过刮、划等方式打造创伤的效果，是特效化妆中常见的道具。方便携带，容易操作，效果明显。（图8-87）

明胶片：这是透明、柔软的胶状物质，常用于模拟皮肤上的各种效果。化妆师根据需要裁剪成所需形状，贴附在皮肤上，然后通过化妆技巧进一步打磨，使其更逼真。（图8-88）

图8-87 刀疤胶

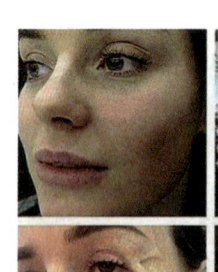

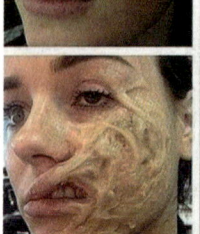

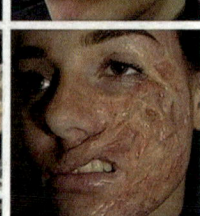

图8-88 使用明胶片化妆前后对比

白胶： 在化妆中，白胶可以充当黏合剂，用于固定假发、假睫毛，或者固定一些化妆道具。有时特效化妆师也使用白胶作为一种基础材料，混合其他颜料或材料，以创造出逼真的伤口、瘢痕或其他特殊效果。白胶也可以用于模板皮肤纹理或其他细节，以增加特效妆容的逼真程度。（图8-89）

酒精胶： 含有酒精成分的化妆胶，酒精胶中的酒精可以使胶水更快地干燥，因此适用于需要迅速固定的场合，比如粘贴假发、假睫毛等化妆道具。也常用于与其他化妆材料混合，以创造逼真的伤口、瘢痕或其他特殊效果。酒精的快速挥发性质有助于迅速形成纹理和效果。酒精胶在清理时更容易去除，通常可用酒精或专用的胶水溶剂进行清理。

酒精油彩： 通常指的是以酒精为溶剂的油性彩妆产品。这类产品常用于特效化妆、身体彩绘和一些创意艺术项目中。（图8-90）

图8-89 白胶、酒精胶　　　　　　　　　　图8-90 酒精油彩

需要注意的是，由于酒精对皮肤有一定的刺激性，使用酒精胶与酒精油彩时需要谨慎，尤其是在面部等敏感部位。专业的特效化妆师通常会在使用任何化妆品之前进行皮肤测试，确保没有不良反应发生。

血浆： 特效化妆中的血浆通常是指一种模拟血液的特殊效果材料，用于创造逼真的血迹、血淋淋的伤口或其他与血液有关的效果。这种材料旨在提供视觉上逼真、恐怖或戏剧性的效果，常用于影视、戏剧、时装表演等场景。血浆通常是可塑的，可以根据需要调整形状、流动路径和深浅，以适应不同的伤口或创伤效果。尽管在肌肤上产生逼真的效果，但血浆通常是易于清洗的，便于演员或模特在表演结束后清洁。高质量的特效化妆血浆应该是对皮肤安全的，不会引起过敏或其他不良反应。（图8-91）

血浆膏： 一种专门设计用于模拟逼真血迹和伤口的特殊化妆产品。由于是膏状，血浆膏相对容易操控，化妆师可以更方便地根据需要调整形状、流动路径和深浅，以适应不同的妆容需求。血浆膏通常具有较好的持久性，能够在一定时间内保持稳定的效果，不易褪色或变形。（图8-92）

制作伤效妆的材料、工具有很多，常用的还有延伸油、封闭剂、溶边剂、脏粉、伤效海绵、笔、万能刀、油彩等。（图8-93）

图8-91 血浆

图8-92 血浆膏

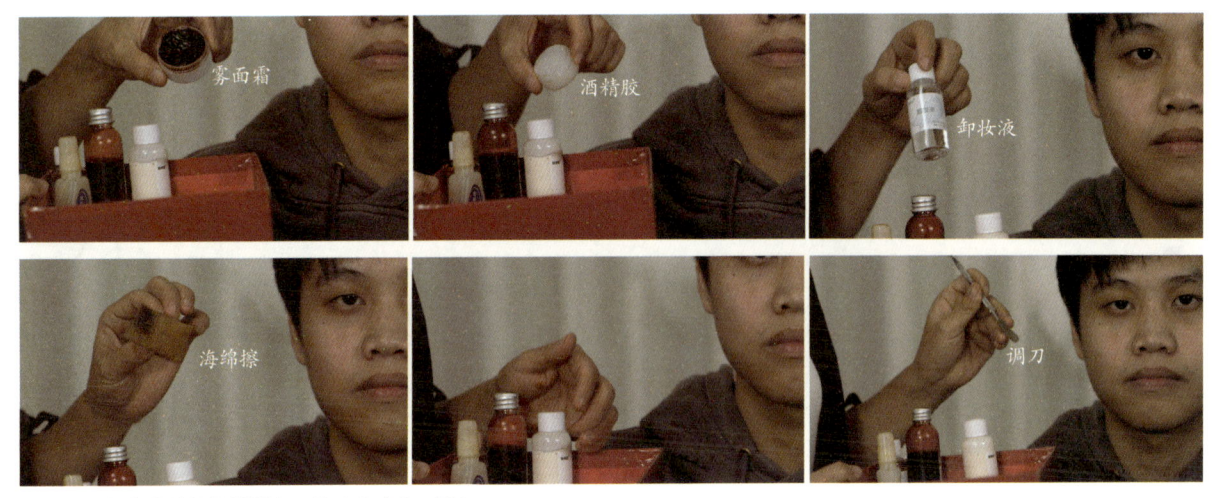

图8-93 制作伤效妆的材料和工具（朱建忠 摄）

三、伤效妆造型表现种类

伤效妆造型在影视行业中是一门高度专业化的技术，它要求化妆师具备深厚的技术功底和对人体结构的透彻理解。通过高超的技巧和精心的设计，化妆师能够塑造出各种逼真的伤痕效果，为角色增色不少。下面我们将介绍伤效妆造型的多个表现种类，包括血迹、淤青、割伤、断指、弹孔、擦伤、烧伤、烫伤、虚弱妆和脏污等，以及它们的具体化妆方法。

1. 血迹

血迹的运用是伤效妆的重要组成部分。血迹的类型包括干湿两种血浆的应用。干血浆更浓稠，颜色较深，适用于营造血块和结痂的效果；湿血浆较为稀薄，颜色更为鲜艳，主要用于刚受伤和爆破出血场景的呈现。

制作材料及工具：血浆、血浆膏、肤蜡、油彩、笔刷。

制作方法：思考伤口与血迹的呈现状态，用滴、甩、喷、涂抹等手法完成血迹的呈现。（图8-94至8-99）

图8-94 血迹1

图8-95 血迹2

图8-96 血迹3

图8-97　血迹4

图8-98　血迹5

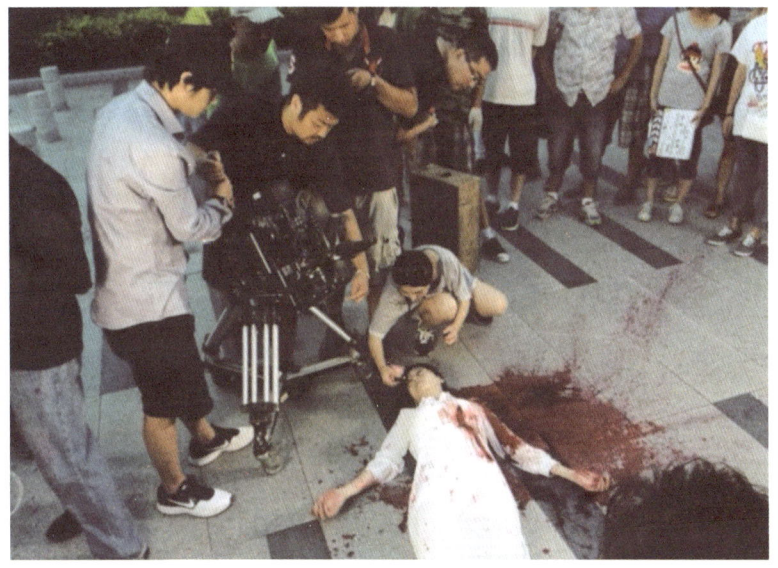

图8-99　短片《痛》拍摄现场

2. 淤青

通过巧妙的化妆技巧，模拟淤青的形成，表现被打击或挫伤的效果。淤青的颜色、大小和分布位置可以根据伤势的不同进行调整。

制作材料及工具：酒精油彩、专业化妆刷。

制作方法：仔细观察淤青从产生直至痊愈的整个过程，然后按照不同时间段的淤青效果进行模拟绘制，主要注重颜色的层次和绘制技巧。

3. 割伤

使用特殊的化妆工具和材料，模拟割伤的外观。割伤的形状、深度和血迹的表现可以根据情节需要进行个性化设计，使其更符合角色的特定要求。

制作材料及工具：肤蜡、油彩、笔刷、调刀、血浆、血浆膏。

制作方法：先将肤蜡涂抹到皮肤上，并使用调刀刻出伤口的形状。随后通过上色模拟出血效果，完成割伤的细致表现。（图8-100至图8-102）

图8-100　割伤效果1（杨明建　摄）

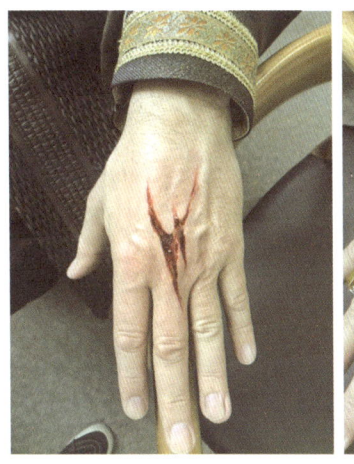

图8-101　割伤效果2（杨明建　摄）

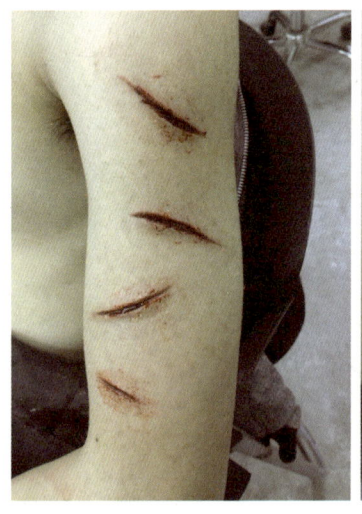

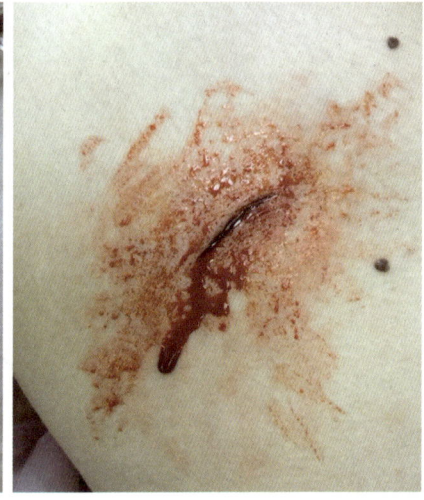

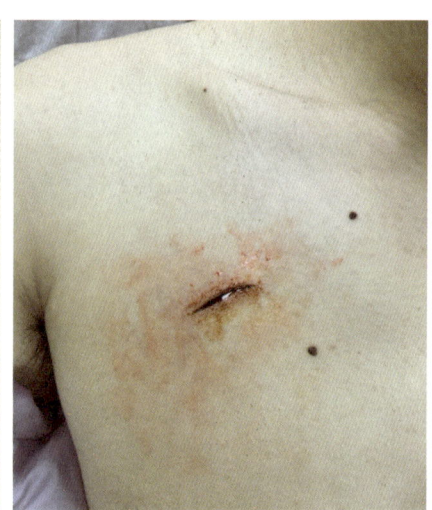

图8-102 割伤效果3（杨明建 摄）

4. 断指

制作材料及工具：肤蜡、血浆、调刀、脱脂棉。

制作方法：先使用医用胶布固定手指，然后在关节处缠绕脱脂棉，利用肤蜡进行固定。最后，通过上色模拟出血效果，完成逼真的断指效果。（图8-103、8-104）

5. 弹孔

使用精巧的化妆技巧模拟枪弹射入肌肤的效果，需要考虑弹孔的大小、形状以及周围的伤痕，以创造出逼真的枪伤效果。

制作材料及工具：肤蜡、油彩、笔刷、调刀、血浆、血浆膏。

制作方法：首先将肤蜡塑造成圆孔状，然后涂抹到皮肤上，用调刀刻出伤口的形状。接着，通过上色模拟出血效果，完成逼真的弹孔效果。（图8-105）

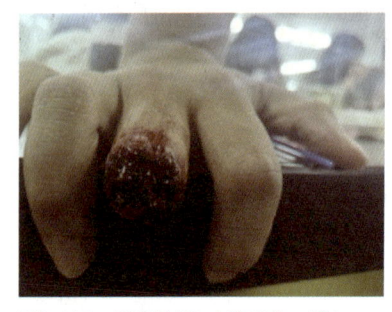

图8-103 断指效果1（晴琪儿 摄） 　　图8-104 断指效果2（晴琪儿 摄） 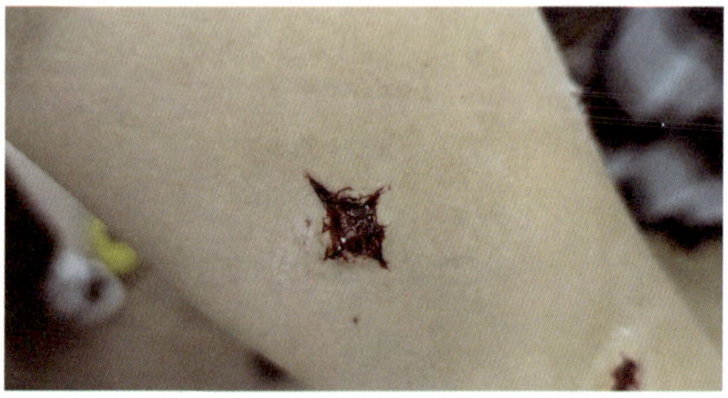　　图8-105 弹孔效果（晴琪儿 摄）

6. 擦伤

利用化妆工具模拟摩擦或擦伤的外观，呈现肌肤表面受损的效果。擦伤的形态可以根据摩擦的力度和方向进行调整。

制作材料及工具：油彩、血浆、血浆膏、脱脂棉、酒精胶。

制作方法：用深色油彩进行底色处理，把脱脂棉平铺在上面，用酒精胶粘牢，做出肌理效果后，上色并添加适量血浆，以模拟逼真的擦伤效果。（图8-106）

7. 烧伤

使用特殊的化妆材料，模拟烧伤的外观。烧伤的程度、颜色和纹理需要根据烧伤的原因和情节需求进行细致描绘。

制作材料及工具：脱脂棉、油彩、酒精胶、血浆。

制作方法：用深色油彩打底，把脱脂棉平铺在上面，用酒精胶粘牢，做出肌理效果后，上色，上少量血浆。（图8-107）

8. 烫伤

制作材料及工具：硫化乳胶、酒精胶、油彩、调刀。

制作方法：用硫化乳胶塑形，用酒精胶粘到皮肤上，上色。（图8-108）

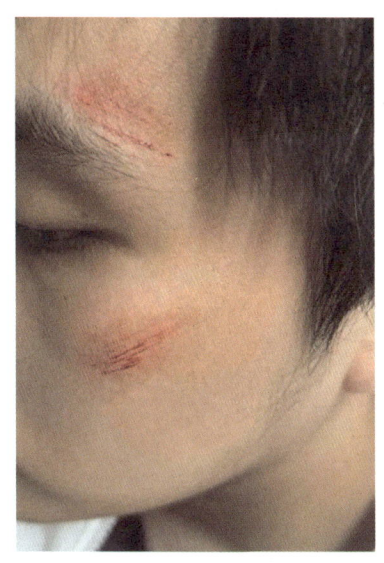

图8-106 擦伤效果（晴琪儿 摄） 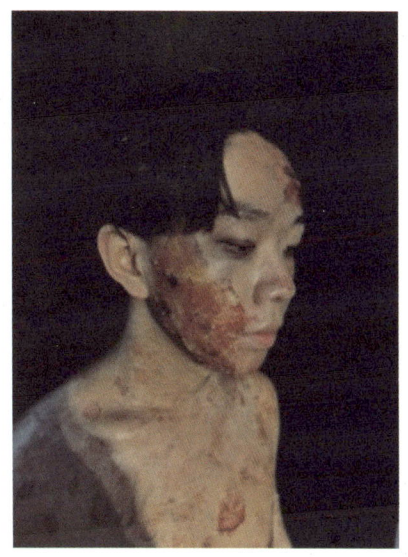　　图8-107 烧伤效果（晴琪儿 摄） 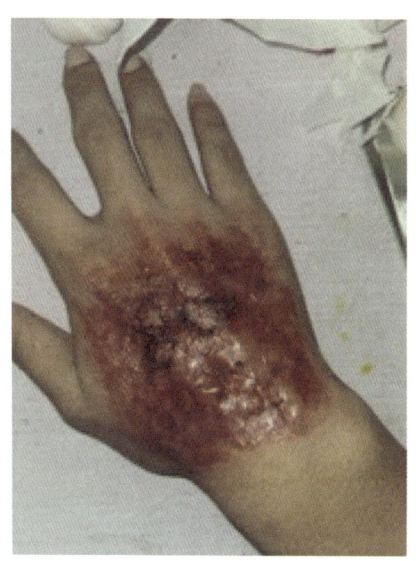　　图8-108 烫伤效果（晴琪儿 摄）

9. 虚弱妆

通过化妆技巧营造出人物身体虚弱、面色苍白的效果，使观众能够感受到人物身体的虚弱状态。（图8-109）

10. 脏污

模拟人物沾染污物或灰尘的效果，营造出在特殊环境中的情境。（图8-110）

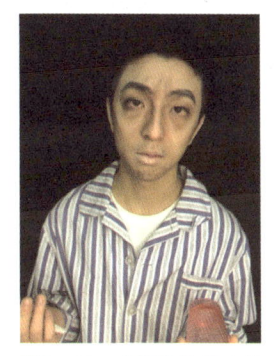

图8-109 虚弱妆效果（晴琪儿 摄）　　图8-110 脏污效果

四、影视剧中的伤效妆

为了使妆容更为逼真，化妆师要配合剧中的场景、服饰，同时依附于演员的演技来调整。（图8-111至图8-117）

图8-111 化妆前（朱建忠 摄）　　图8-112 化妆后（朱建忠 摄）

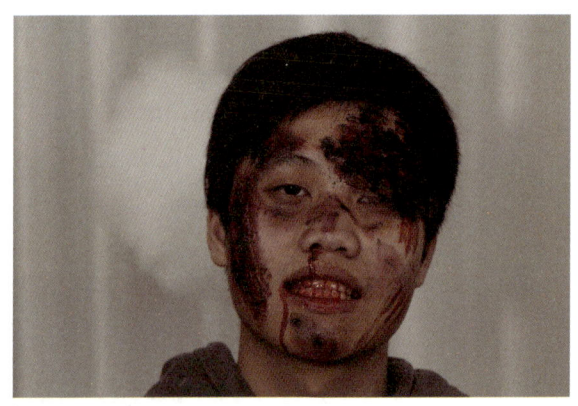

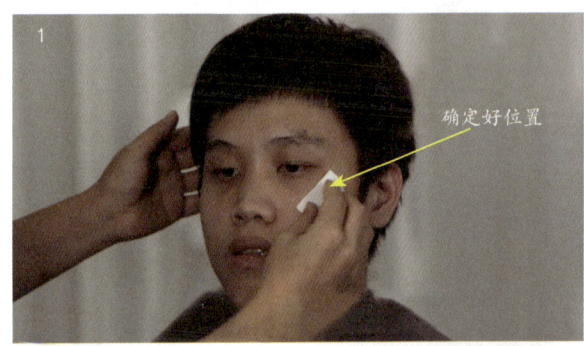

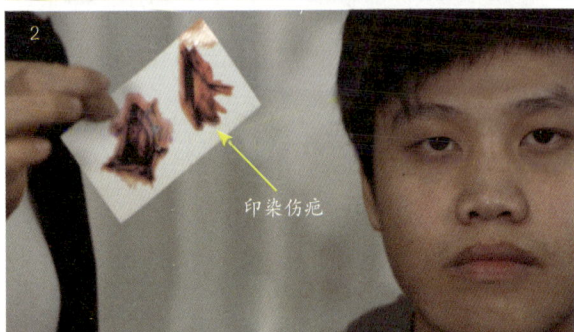

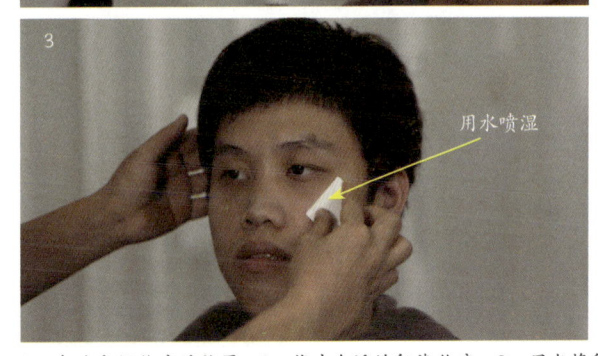

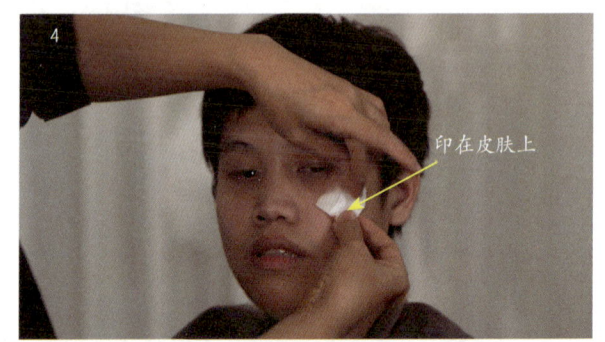

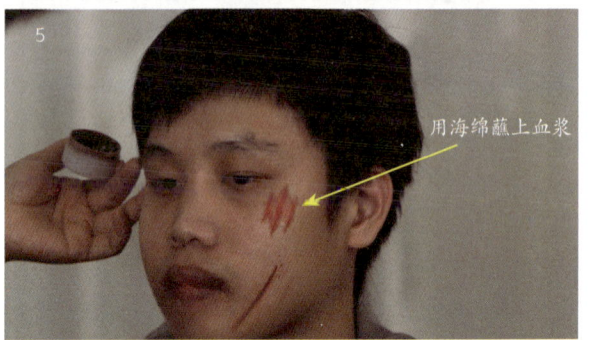

1. 先确定好伤疤的位置。2. 找出合适的印染伤疤。3. 用水将印染伤疤喷湿后用湿巾将脸部皮肤擦干净。4. 将印染伤疤印在皮肤上。5. 用海绵蘸上血浆擦在脸上。6. 用眼影描出被打出淤青的效果。

图8-113 擦伤化妆步骤1（朱建忠 摄）　　图8-114 擦伤化妆步骤2（朱建忠 摄）

第八章 影视化妆造型设计

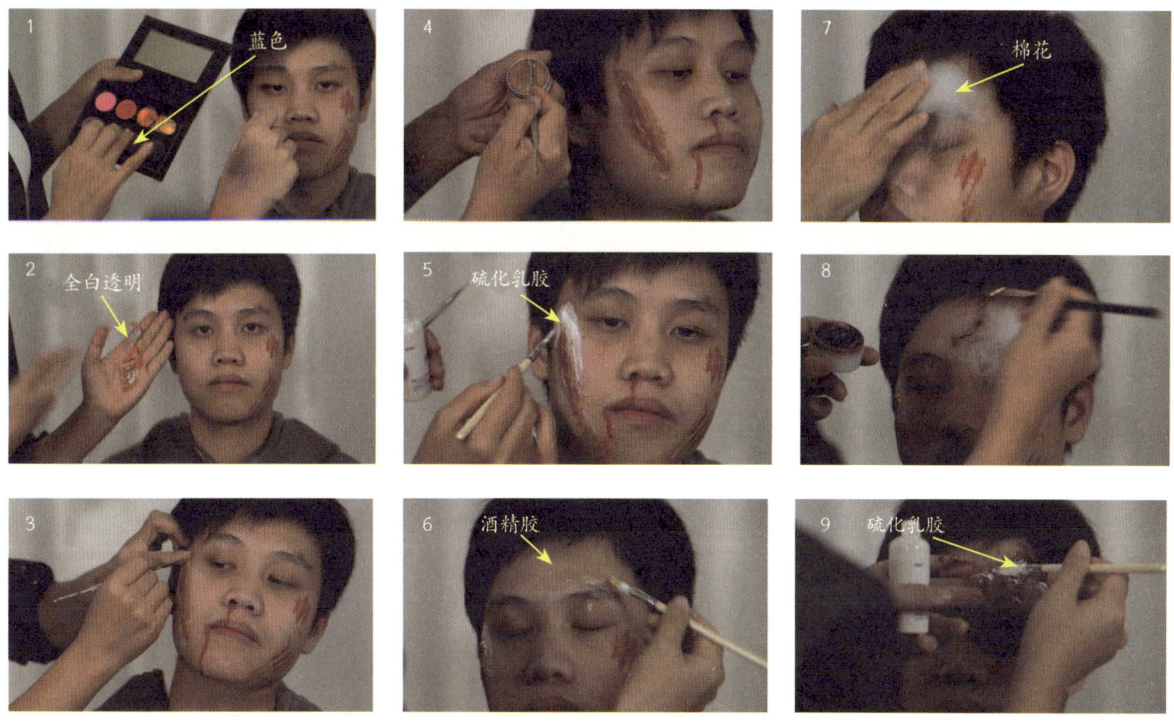

图8-115 擦伤化妆步骤3（朱建忠 摄）

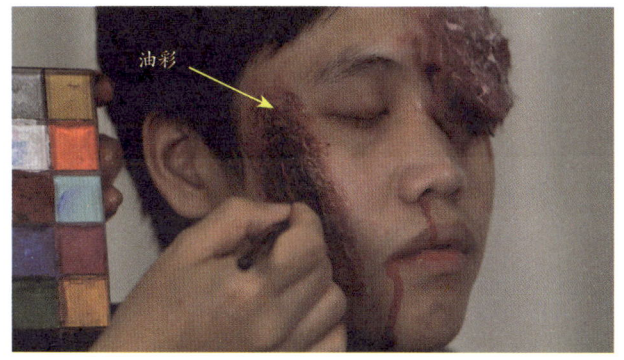

图8-116 擦伤化妆步骤4（朱建忠 摄）

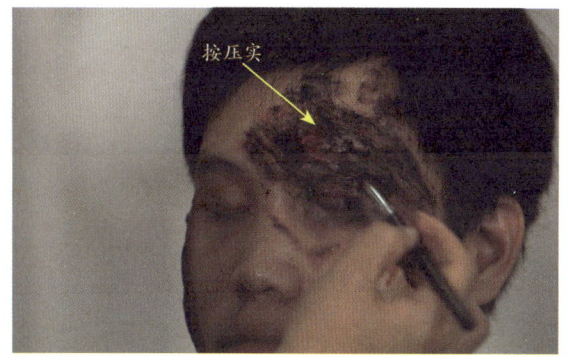

图8-117 擦伤化妆步骤5（朱建忠 摄）

前面详细探讨了伤效妆造型的多个表现种类，包括血迹、淤青、割伤、断指、弹孔、擦伤、烧伤、烫伤、虚弱妆和脏污等。通过对每种效果的详细探讨和介绍，化妆师能了解并学习伤效妆造型的关键技巧。在学习的过程中，强调对不同伤势、伤痕采取不同方法的原则，以及干湿两种血浆各自的应用场景。通过深入学习和实操练习，可为将来从事影视妆容工作打下坚实的基础，使学员将来能够应对各类影视剧中的伤痕妆造需求，展现专业的技能和创造力。

五、思考与讨论

1. 通过调查研究，你能否找到一些成功的伤效妆造案例，并分析它们所采用的表现手法和效果呈现？

2. 选取一部影片中的伤效妆造场景，分析其中的设计理念，思考为什么这样的妆容能更好地表达故事中的人物。

175

课后练习

一、各种眉毛画法练习

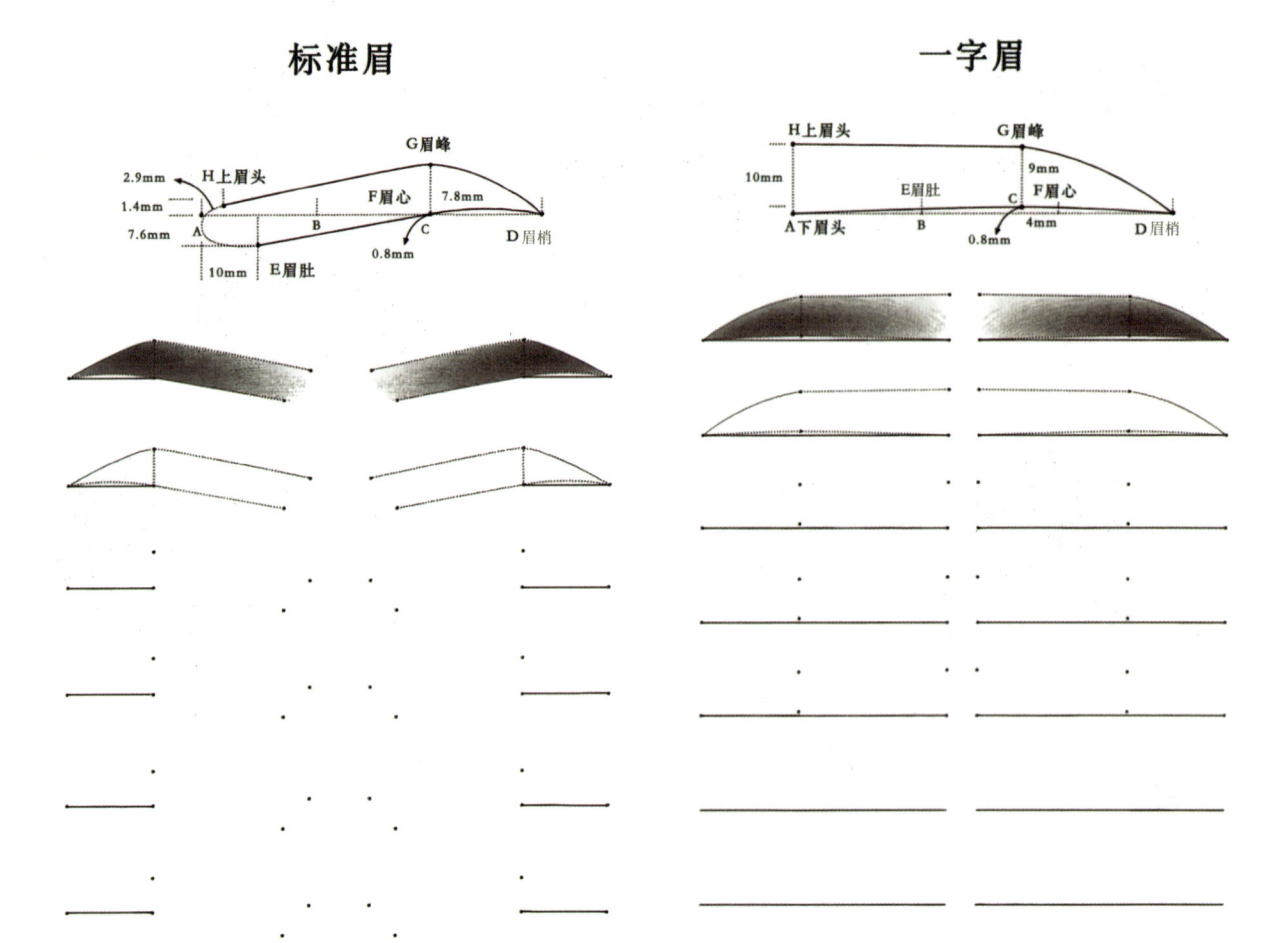

标准眉

一字眉

落尾眉

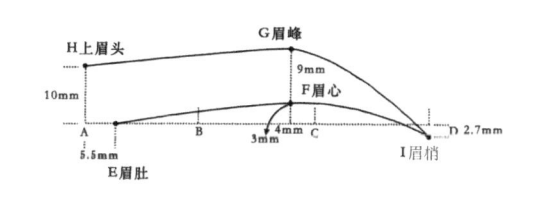

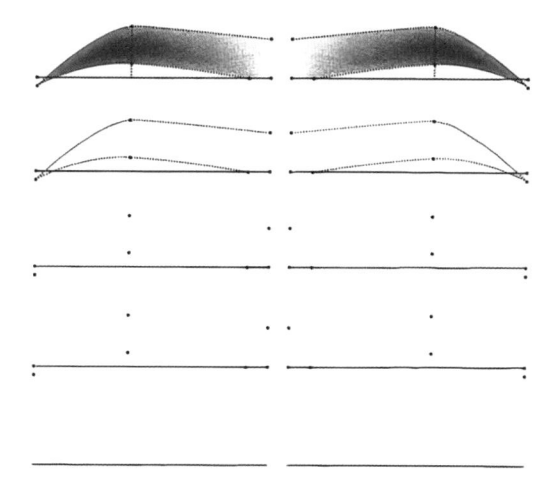

上扬眉

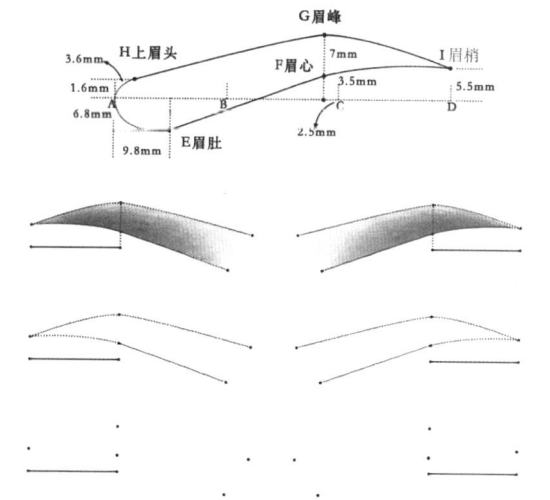

流星眉

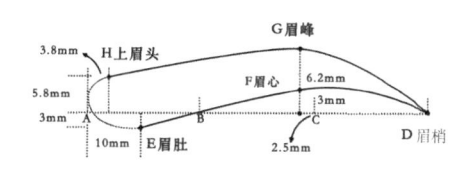

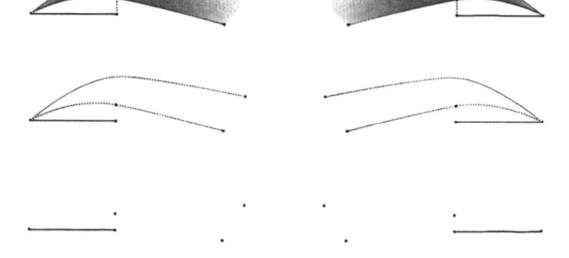

平直眉

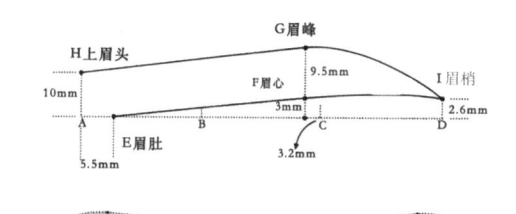

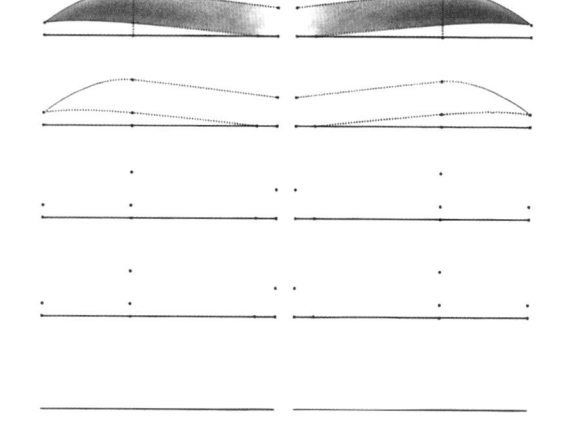

标平眉

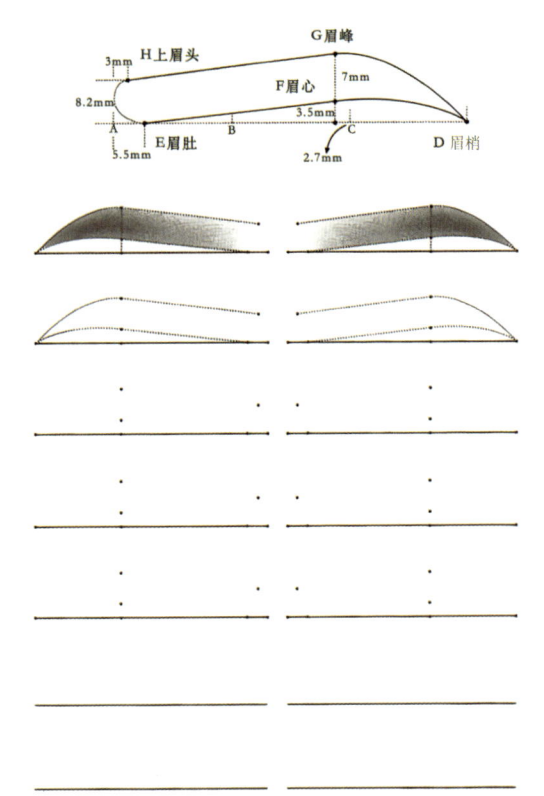

小欧眉

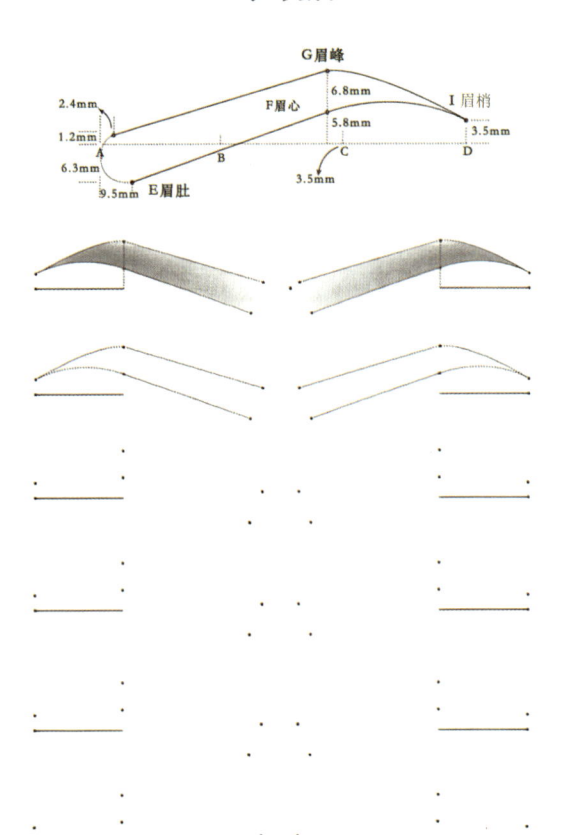

男士眉

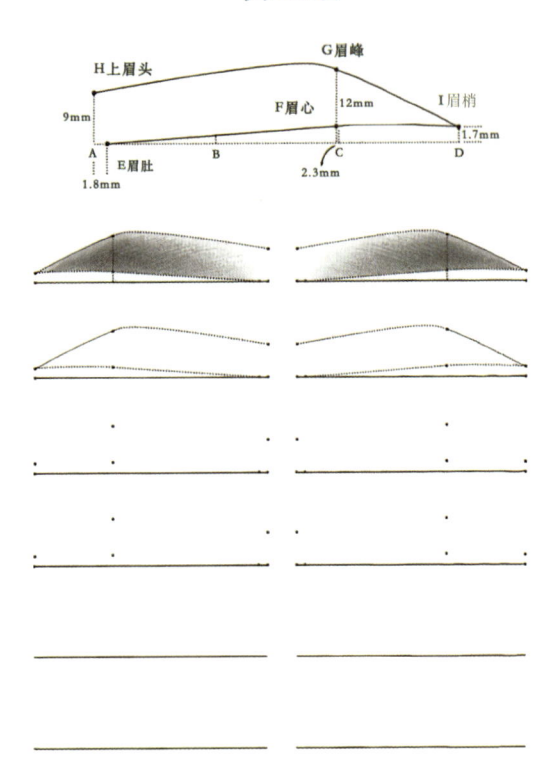

二、下睫毛化妆练习

六种常用下睫毛化妆

睫毛是眼睛的重要部分，扑闪扑闪的大眼睛离不开又长又密的睫毛，而下睫毛放大眼睛的效果更是明显。但是下睫毛又短又稀疏，该怎么办？大多数人都想拥有长长的睫毛，很多人经常为自己睫毛太短而发愁，不如就来学学如何通过化妆拥有又长又卷的下睫毛吧！

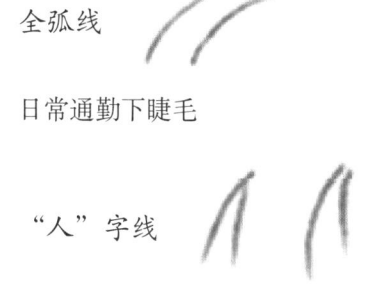

全弧线

日常通勤下睫毛

"人"字线

温馨浪漫下睫毛

交叉线

伪素颜下睫毛

"个"字线

梦幻精灵下睫毛

倒"人"字线

楚楚动人下睫毛

"品"字线

落落大方下睫毛

全弧线

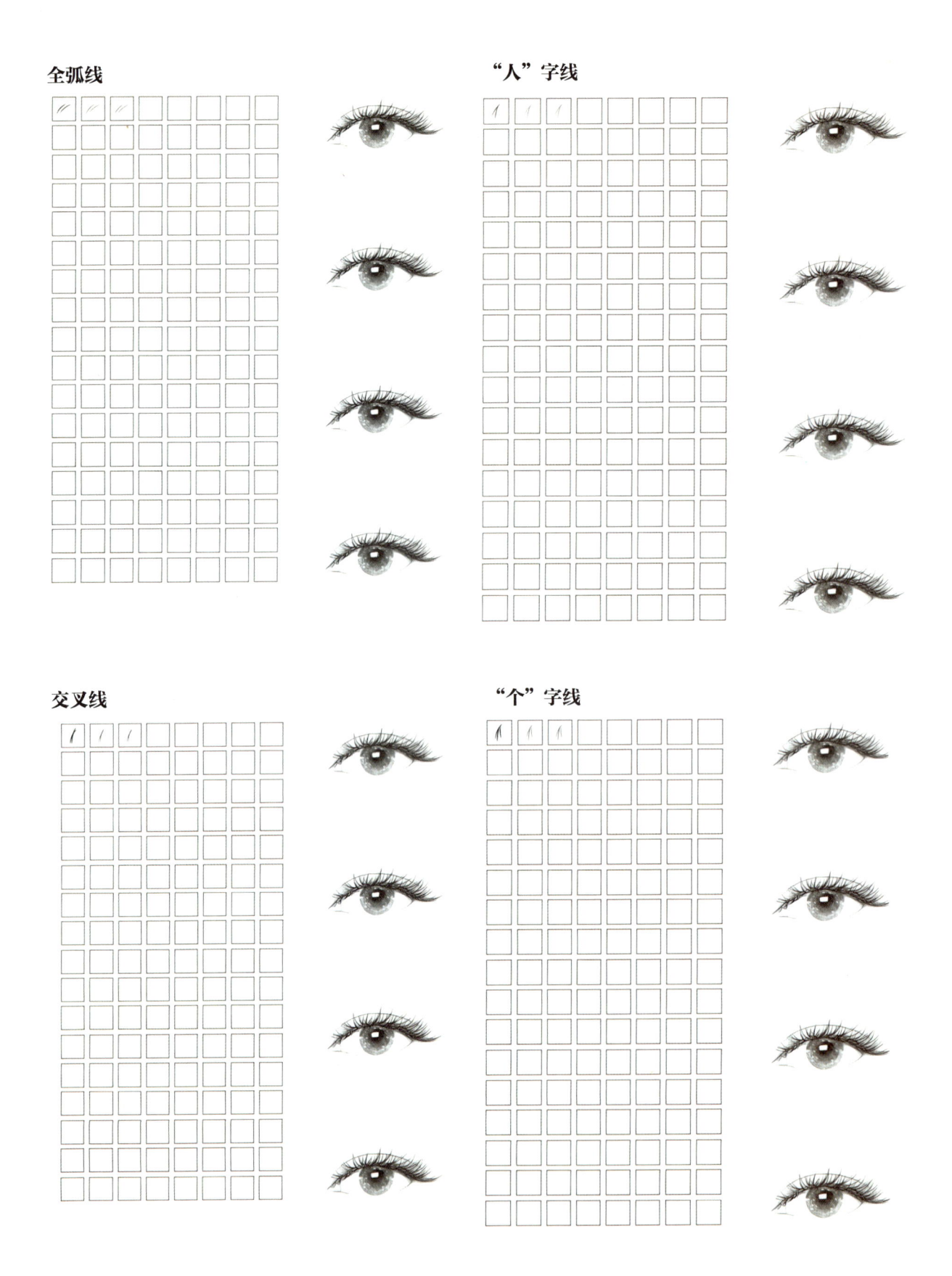

"人"字线

交叉线

"个"字线

倒"人"字线

"品"字线

两眼较宽

两眼较近

上扬眼

下垂眼

圆眼　　　　　　　　　　　　　小眼

长眼　　　　　　　　　　　　　眼影（闭眼）

眼影（睁眼）

三、唇妆练习

妆容赏析

冰蓝水晶写真妆造型（容造型中心提供）

蝴蝶妆造型（容造型中心提供）

草莓牛奶雪花冰妆造型（容造型中心提供） 　　洋红火龙果创意妆造型（容造型中心提供）

千禧辣妹妆造型（容造型中心提供） 　　油画里少女妆造型（容造型中心提供）

新中式妆造型（容造型中心提供）

化妆造型设计

自然系女神妆造型（容造型中心提供）

妆容赏析

元气云朵妆造型（容造型中心提供）

浓颜系轻泰妆造型（容造型中心提供）

未来感妆容造型（容造型中心提供）

奶凶猫系女团妆造型（容造型中心提供）

拳击女孩妆造型（容造型中心提供） 　　　云南西双版纳蝴蝶妆造型（容造型中心提供）

俏皮可爱妆造型（容造型中心提供） 　　　七彩笑脸妆造型（容造型中心提供）

妆容赏析

奶凶猫咪妆造型（容造型中心提供）

梦幻仙子妆造型（容造型中心提供）

美式白开水妆造型（容造型中心提供）

玲娜贝儿灵感妆造型（容造型中心提供）

绝美藏风妆造型（容造型中心提供）

甜心粉色少女妆造型（容造型中心提供）

创意面具妆造型（容造型中心提供）

法式优雅复古妆造型（容造型中心提供）

妆容赏析

抗糖创意妆造型（容造型中心提供）

洛丽塔妆容造型（容造型中心提供）

田园复古妆造型（容造型中心提供）

平面创意妆造型（容造型中心提供）

法式少女轻复古妆造型（容造型中心提供） 　　复古新娘妆造型（容造型中心提供）

极简新娘妆造型（容造型中心提供） 　　简约大气新娘妆造型（容造型中心提供）

后记

在编写这套化妆造型设计教材的过程中，我们深入探索了美的无尽可能性，发现并展现了化妆艺术的独特魅力。化妆师以模特为画布、以化妆品为颜料、以时尚为灵感，创造出一幅幅精美的造型。

化妆师关注的不仅仅是每个模特的外貌，更是他们的个性和气质。每个人都如同一块独一无二的玉石，拥有自己独特的美，而化妆造型设计的任务就是将这种美发掘出来，展现于世界。我们细心观察、用心交流，捕捉每个人独特的魅力，并通过巧妙的化妆技巧，将它们展现出来。化妆需要将时尚元素融入设计中，时尚是一个不断旋转的魔方，它反映了当代社会的生活方式、审美情趣和文化背景。因此，课程设计注入了对当下时尚的理解和解读，希望每个造型都能展现出时尚的气息，成为时代的注脚。

同时，化妆造型设计是一门艺术，它需要创作者拥有敏锐的观察力、丰富的想象力和出色的技巧。课程中运用了色彩、线条和质地等元素，努力创造富有艺术感的造型，让读者在欣赏的同时，也能感受到艺术的魅力。

化妆造型设计中会面临各种各样的挑战。比如如何找到时尚与艺术之间的平衡、如何让每个模特都展现出自己最佳的一面、如何将文化元素融入设计中等。然而，它们既是挑战也是促使我们不断进步的因素，让我们对自己的创作有更深的理解。

相信在未来的化妆行业，通过化妆造型师的不断探索和创新，化妆造型设计这门艺术会绽放出更加璀璨的光芒。

（注：书中部分图片来源包图网，作者已购得图片使用权）